U0142284

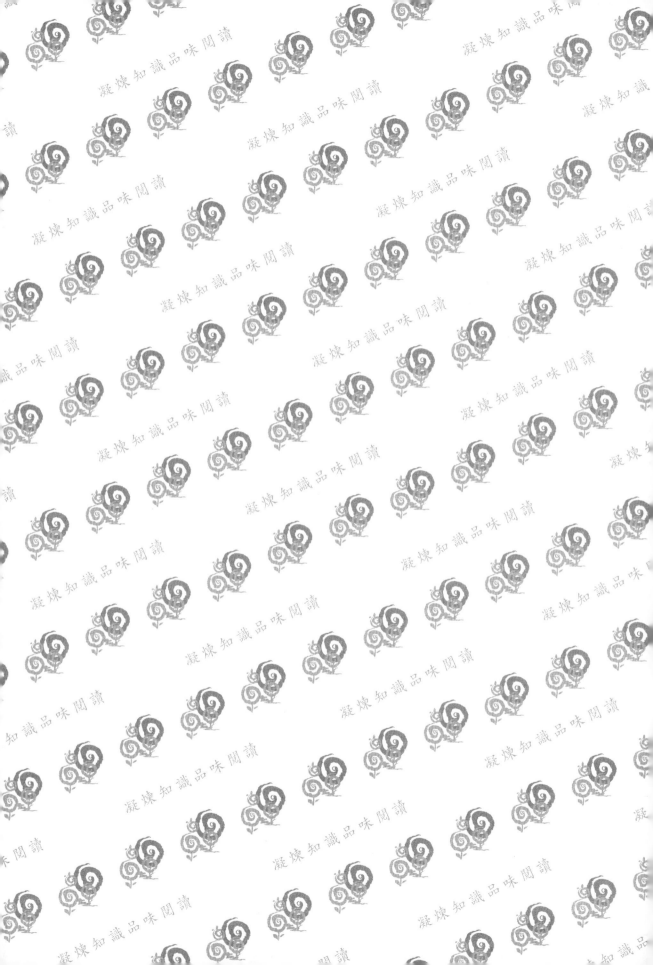

基於 RecurDyn V9
之多體動力學分析與應用

◆ 黃運琳 著

五南圖書出版公司 印行

第二版

序　言

　　動力學之研究對象，狹義而言，指機械系統之動態行為；廣義而言則指一切物質系統、工程系統、生物系統、經濟系統乃至社會系統之動態行為。在了解動態行為的基礎上，進一步欲控制系統之行為，使之符合吾人之各種要求，遂有控制理論及應用之發展。由此可見，兩者關係之密切及其重要性自不待言。所謂機械系統之動態行為及其控制，係指以牛頓力學為基礎之一般原理與宏觀系統之力學現象及其控制。它主要包括分析動力學、非線性動力學、振動理論、運動穩定性、多體系統動力學（包括機器人、陀螺力學）及控制理論。這是當前國際科技與學術非常活躍的研究領域。本書作者在美國科羅拉多大學攻讀碩士之際，受到 K. C. Park、C. A. Felippa 和 M. Geradin 等教授在多體動力學領域上的啟蒙，然後於美國伊利諾大學芝加哥分校攻讀博士之時，更接受了 Ahmed A. Shabana 教授在多體動力學領域上的教導與訓練，奠定本書作者在多體動力學領域上的基礎。

　　在機械設計的領域中，最重要的是設計目標功能之滿足與達成。一個好的機械工程師，在機械系統設計逐漸成熟之際，一般皆需要製造出產品的原型（Prototype）來加以測試與驗證。實際上，由於尋找材料與製造的試作程序，對公司或工廠而言，都需要耗費相當高的時間與成本。近年來，由於電腦科技的快速演進與發展，設計分析的工作除了可以在一般電腦的工作環境下建模（CAD），並且與數值控制工具機結合製造（CAM）之外，還可以運用數值模擬分析技術，在電腦中建立出虛擬原型的系統與環境，來模擬分析多體系統的真實動態行為，以確認其功能符合原來的設計目標，以便降低實際開模製造測試所需之成本費用。總而言之，在傳統的機械設計當中，導入 CAE 新興工具，可以運用更短的設計時程、更佳的設計品質來應付日趨激烈的市場競爭。

　　RecurDyn 軟體結合電腦科技、多體動力學、機動學、數值分析、電腦繪圖與影像處理等方面的技術，組合成一個功能與應用面皆非常廣泛的虛擬原型設計平臺。除了傳統典型的機械系統，如汽車與航太飛行器等之外，也可以應用在彈性物體（撓性體或柔體）、機電整合控制乃至於機器人與人體運動力學模擬或仿

眞的跨領域之中，爲傳統工業、新興的資訊產業與非線性力學領域提供實用的工程分析與系統研發工具。因此，其學習門檻也較一般電腦輔助軟體爲高，形成在此 CAE 軟體教導與學習上的困難，於是有此書撰寫的構想，期望能夠有效地協助有興趣的大專學生、研究生或工程師，降低在初學 CAE 軟體時的障礙，並且進一步引發深入研究與運用這些 CAE 軟體的能力，以便因應我國產業朝向研究與設計方向轉型發展所需。

本書作者自美學成返臺任教後，即從事多體動力學與振動力學相關領域之教學及研究工作，有感於國內少有系統化之多體動力學教材以及 RecurDyn 軟體之更新，所以著手撰寫此書，出版這本書目的，旨在：

一、提供大專院校機械相關科系有關多體動力學課程之應用軟體入門教本。

二、提供初學者對多體動力學基本概念之了解與分析。

三、提供工業界人士學習基礎多體系統動力學分析之參考用書。

本書介紹電腦輔助工程設計與分析的概念及其理論基礎，並且以 RecurDyn V9R1 的基本模組 RecurDyn/Professional-Solid（前後處理器）、Linear（線性分析模組）、Solver（求解器）、STEP（STEP 轉換介面）與進階模組──RecurDyn/Toolkit（工具包分析模組）、RecurDyn／Flex（彈性分析模組）、RecurDyn／Control（控制分析模組）、MTT3D（送紙機構模組）等作爲主要撰寫內容，依照多體系統模型在建構時的工作順序加以編排，期使常用的指令格式能夠一目了然，以便於本書之使用與研習。本書以實際的範例檔案編寫，可以提供使用者之進階參考與相關引申應用。

本書之架構與安排說明如下：第一章爲多體動力學的介紹以及 RecurDyn 軟體的發展背景與相關指令之簡介。第二章則簡介單擺的動力學分析與相關控制函數。第三章介紹各類四連桿機構剛體動力學分析。第四章探討機構運動與動力分析中的接觸碰撞問題。第五章針對多體系統的剛體動力學分析應用。第六章介紹一些 RecurDyn 子系統進階範例。第七章探討多體系統撓性體分析與基本應用範例。第八章針對多體系統控制分析與簡單應用範例。第九章從事單自由度系統振動分析與相關應用範例。本書第二章之後的各個章節均以適當之應用例題展示說明操作步驟，另外，按照本書作者的學習過程及教學經驗，讀者若能充分自我學習，自然可以反映學習效果，而且增進對 RecurDyn 軟體之了解與認識。同時亦能舉一反三，增進學習效率，拓展讀者們的應用領域與範圍。

　　本書作者誠摯地感謝韓國原廠 FunctionBay 公司／慶熙大學機械系 Prof. Jin-hwan Choi 與臺灣虎門科技公司廖偉志副總不吝授權使用 RecurDyn 之最新說明手冊及其相關技術資料，令本書的內容得以更加充實；而國立虎尾科技大學機械設計工程系的動態系統實驗室內之所有前後期的同學們長時間之投入與努力，更是本書得以完成問世的重要關鍵。這本書之所以能夠順利完成，要感謝很多人。首先感謝我的碩博士班研究生們吳昱緯、鍾宇翔、林家弘、莊凱翔、謝氏娜與陳靖廷的幫忙校對和訂正，也很感謝五南圖書的支持與幫忙，俾使本書第二版能付梓出版。尤其要感謝家人們對本書作者從事教學與研究工作之體諒，謹以此書獻給我的家人。本書作者才疏學淺，如果有明顯錯誤漏失之處，尚請各位讀者能不吝指正。最後，本書作者以誠摯感恩的心祝福各位研究同好與讀者們在「多體剛柔耦合系統動力學」的學術領域與工程應用上，能有所精進，更上一層樓。

黃運琳　謹識

目　錄

第 **1** 章

前言與軟體介紹

　　近三十年來，撓性多體系統動力學（Dynamics of flexible multibody systems）的研究受到很大的關注。多體剛柔耦合系統已經越來越多地被用來作為諸如各種機器人、機構／機器、鏈系、纜系、空間機構和生物力學系統等實際系統的模型。Huston[1] 認為：「多體動力學是目前應用力學方面最活躍的領域之一，如同任何發展中的領域一樣，多體動力學正擴展到許多子領域。最活躍的一些子領域是：類比與控制方程式的表述法、電腦數值計算方法、圖解表示法以及實際應用。這些領域裡的每一個都充滿著研究契機。」多柔體系統動力學近年來快速發展的主要推展力是傳統機械工業、車輛工程、軍用裝備、機器人、航太工業現代化和高速化。傳統的機械裝置通常比較粗重，且作動速度較慢，因此可以視為由剛體組成的系統。而新一代的高速、輕型機械裝置，要在負載／自重比很大、作動速度較高的情況下，從事準確的定位和運動，針對關鍵零件的變形，特別是變形的動力學效應就不能不加以考慮了。在學術和理論上也很有意義。關於多柔體動力學方面已有不少綜合論述性文章 [2]。

　　在多體系統動力學系統中，剛體部分無論是建模、數值計算，先前的學者專家們都已經做得相當完善，並且已經發展出非常成熟的相關軟體 [3]。但是對撓性多體剛柔耦合系統的研究才剛開始一段時間，且撓性體完全不同於剛性體，出現了一些多剛體動力學中不曾遇到的問題，如：複雜多體剛柔耦合系統動力學建模方法的研究、複雜多體剛柔耦合系統動力學建模程式化與計算效率的研究、大變形及大晃動的複雜多體剛柔耦合系統動力學研究、方程式求解的矩陣剛性數值穩定性的研究、剛柔耦合高度非線性問題的研究、剛—彈—液—控制組合的複雜多體剛柔耦合系統的運動穩定性理論研究、變拓撲架構的多體剛柔耦合系統動力學與控制、複雜多體剛柔耦合系統動力學中的離散化與控制中的模態階段的研究等專題領域 [4]。撓性多體動力學的發展又是與現代電腦和計算分析技術蓬勃發展密切相關的，高性能的電腦使複雜多體動力學的模擬仿真成為可能，特別是電腦功能將有更大的發展，撓性多體動力學因此抓住這個時機，加強多體動力學的計算分析法研究和軟體發展 [5]。

　　撓性多體剛柔耦合系統動力學包括了多剛體動力學、連續介質力學、結構動力學、計算力學、現代控制理論等，構成一門具交叉性與複雜性學科，這門學科之所以能建立和迅速發展，是與當代電腦技術的爆炸式發展，彼此間息息相關的 [6]。由於近 30 年以來衛星及太空飛行器飛行穩定性、太陽帆板展開、姿態控

制、交換互相的需求和失敗的教訓，以及巨型太空站的構建；高速、輕型地面車輛、工業機器人、精密機床與高速綜合加工中心機等複雜機械的高性能、高精度設計要求等，撓性多體剛柔耦合系統動力學引起了廣泛的興趣，已經成為理論和應用力學一個極其活躍的領域 [7]。撓性多體剛柔耦合系統動力學、穩定性與控制的研究已由局部擴展到全局，由小擾動擴展到有限擾動，傳統的理論和方法已經顯得不足，引入現代數學方法的成果很多、拓樸與微分方程及其代數、幾何與分析、動力系統理論等，都是非常重要的 [8-12]。事實上，撓性多體剛柔耦合系統中物體的整體運動與變性的耦合可以看作兩種場的相互作用，其與量子場論及基本粒子領域中的相互作用問題是類似的，在理論物理中，處理場相互作用的一般理論框架是規範場理論，在數學上規範場論和現代微分幾何學是密切相連的，其便是主纖維叢上的聯絡理論，對撓性多體系統來說，規範理論的基本幾何模型是時間軸的主纖維叢。這個主纖維叢的集合架構與撓性多體系統位移形狀空間上自由度確定的集合架構間之關係是很值得研究的，從幾何架構角度探討撓性多體系統非線性效應的一些定性特徵，例如運動穩定性、分叉及混沌，不僅有助於現代數學、物理和力學之間的交流，同時也必將為解決這類強非線性力學問題帶來新概念和新方法 [13-14]。

由於撓性多體動力學動力分析的目的主要是控制其影響，因此動力學建模、控制策略設計和電腦是實施動力分析不可分割的整體。在控制問題中，撓性多體剛柔耦合系統是帶著分布參數的強耦合、非線性、多輸入、多輸出系統。首先，傳統的 PID 控制和現行方法將難以適用，應考慮其他高級控制策略，如魯棒控制、自適應控制、變架構控制、非線性補償控制等方法。其次，各撓性零件是無窮的自由度，需要離散化，運用一個有限維的狀態空間來代替無限維的變形狀態空間，必須研究有限維模型與無限維模型之間的相互關係，特別是其他子系統針對受控系統的影響，研究控制輸出問題。再次，由於逆向動力學的不確定性，給控制輸入的預估帶來極大困難。最後，為達到在線實時控制的目的，對計算方法、軟硬體設計等都提出了更高要求。這些都與撓性多體動力學建模息息相關。要根據動力學與控制不可分原理來進行撓性多體系統的綜合建模和最佳化。撓性多體動力學分析的內容，可以包含一切宏觀機械系統動力學問題，多剛體動力學、結構動力學等，都可以看成是撓性多體動力學的蛻化。應該更進一步地指出，這些學科都有著一整套適合於自身發展完善的理論體系，是任何學科都代替

不了的，然而，撓性多體剛柔耦合系統動力學若要避免所謂的「穿著新衣的老問題」，則其需要在各學科交叉基礎上形成自己的研究方法和體系，發現新的生長點，它的發展對原有各學科的補充和促進，將引起不可估量的影響。但願不久的將來，在撓性多體剛柔耦合系統動力學所有方面的研究將有重大進展，其所面臨的是光明和挑戰性的未來。撓性多體動力學的建模、仿真與控制，在這個電腦飛速發展的時代顯得尤為重要 [15-20]。最近幾年來，RecurDyn 多體動力學模擬仿真分析軟體就是在這種時空背景下發展出來的，其可謂是多體動力學分析軟體中新技術的最佳代表之一，RecurDyn 是由韓國 FunctionBay Inc. 開發出的新一代多體剛柔耦合系統動力學模擬仿真軟體。其採用相對座標系運動方程理論和完全遞迴演算法，非常適合於求解大規模的多體剛柔耦合系統動力學問題。傳統的動力學分析軟體對於機構中普遍存在的接觸碰撞問題解決得不夠完善，這其中包括了過多的簡化、求解效率低、以及求解穩定性差等問題，難以滿足工程應用的需要 [21]。

1.1 軟體簡介

RecurDyn（Recursive Dynamic）是由韓國 FunctionBay 公司基於其劃時代演算法 —— 遞迴演算法開發出來的新一代多體系統動力學仿真軟體。其採用相對座標系運動方程式理論和完全遞迴演算法，非常適合於求解大規模及複雜接觸的多體剛柔耦合系統動力學問題。傳統的動力學分析軟體對於機構中普遍存在的接觸碰撞問題解決得遠遠不夠完善，這其中包括過多的簡化、求解效率低、求解穩定性差等問題，難以滿足工程應用的需要。基於此類原因，韓國 FunctionBay 公司充分利用最新的多體動力學理論，基於相對座標系建模和遞迴求解，開發出 RecurDyn 多體剛柔耦合系統動力學仿真軟體。該軟體具有令人震撼的求解速度與穩定性，成功地解決了機構接觸碰撞中之上述問題，極大地拓展了多體動力學軟體的應用範圍。RecurDyn 不但可以解決傳統的運動學與動力學問題，同時也是解決工程中有關機構或機器等接觸碰撞問題的利器。

RecurDyn 借助於其特有的 MFBD（Multi Flexible-Body Dynamics）多撓性體動力學分析技術，可以更加真實地分析出各種機構運動中的零組件變形，應力與應變等物理現象。RecurDyn 中的 MFBD 技術，用於分析撓性體的大變形非線

性問題，以及撓性體之間的接觸，撓性體和剛體相互之間的接觸問題。大多數傳統的多體動力學分析軟體皆只有考慮撓性體的線型變形，對於大變形、非線性、以及撓性體之間的相互接觸就無能為力。

RecurDyn 為用戶提供了完整的解決方案，包含控制、電子、液氣壓以及 CFD（Computational Fluid Dynamics），亦為用戶的產品開發提供了完整的產品虛擬仿真開發平臺。RecurDyn 的專業模組還包括撓性體分析模組、可靠度分析模組、AutoDesign 分析模組、Colink 控制分析模組、Communicator 分析模組、軸承分析模組、彈簧分析模組、2D／3D 送紙機構模組、齒輪元件模組、鏈條分析模組、皮帶分析模組、高速運動履帶分析模組、低速運動履帶分析模組、輪胎模組、發動機開發設計模組以及液氣壓控制模組等，其他相關的應用模組也正在陸續發展中 [22]。

鑑於 RecurDyn 的強大功能，該多體剛柔耦合系統動力學分析軟體廣泛應用於航空、航太、軍事車輛、軍事裝備、工程機械、電器設備、娛樂設備、汽車卡車、鐵道、船舶機械、民生用品設備、水中動力機械設備以及其他通用機械等行業中。

1.2 多學科與多物理場一體化的模擬仿真平臺

RecurDyn 發展至今超過 20 年，且也是目前唯一可以直接進行完整的多學科動力分析（Multi-Discipline）軟體，不需要整合其他軟體求解器，大幅強化了動力學上之分析範圍和擴大需求。RecurDyn 基於動態分析特性，提供非線性有限元求解核心、控制分析求解器和最佳化設計環境，傳統多體動力學軟體僅專注於單一學科開發，時至今日的複雜問題無法滿足，因此，RecurDyn 打破傳統和提供無「相容性」整合平臺給用戶，同時，用戶也可藉由「VSTA 平臺」開發客製化介面，建立客戶專屬的使用介面和功能。

RecurDyn 給用戶提供了一套完整的虛擬產品解決方案，可以將控制、流體、液氣壓等集合在一起進行分析。形成機、電、液一體化分析來解決目前多數之剛柔耦合高度非線性問題的研究，以及剛體—彈性體—液壓—流體—控制組合的複雜多體剛柔耦合系統的動力穩定性理論研究。

1.3 FunctionBay 公司簡介

　　韓國 FunctionBay 公司成立於西元 1997 年，兩位創辦人為 Prof. Jin H. Choi 和 Prof. Dae S. Bae，這兩位分別為世界知名多體動力學大師 Prof. Ahmed A. Shabana[23] 和 Prof. Edward J. Haug[24] 的高徒。RecurDyn 是 FunctionBay Inc. 所研發和行銷產品名稱。目前業務行銷總部設置於日本東京，技術研究發展總部設置於韓國漢城。結合世界各地一流專家共同研發新一代多剛體與撓性體動力學的計算核心，目前已經有全球多所大學以及數十個研究實驗室共同參加，這些相關技術的整合也是前所未有，勝過以往軟體研發團隊陣容，全球的市場布局也遍及五大洲，目前設有分公司的區域，包括日本、韓國、美國、臺灣、中國、德國、與印度等國家，全球的市場布局也遍及五大洲。傳統設計方式已漸漸無法因應現今多變的潮流，但由於軟體功能也隨著時代的變遷更加多樣化，所以利用電腦輔助設計產品是近年來產業界的基本共識。如何將數位資料從事生產與製造前的模擬仿真分析，確保量產的可靠度，無疑是產業界目前最重要的課題，必須分析的領域非常廣泛，其絕對都需要具有專業知識及相關的分析軟體，而 RecurDyn 主要研究分析作用在於剛體及撓性體機器元件上的力量，以及由於這些力量所造成的運動控制與影響，確定各種機構或機器運轉中的元件是否達到平衡，或強度上是否符合安全，以便在設計上做進一步考量及改善。

1.4 RecurDyn 軟體指令介面簡介 [25]

New Model
■定義一個新模型的名字

■Re *curdyn*^{TM} GUI 總覽

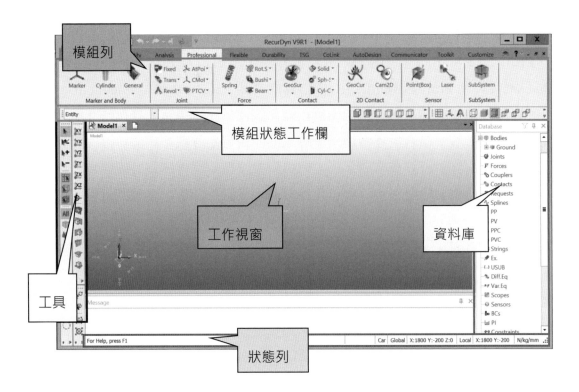

表單與工具

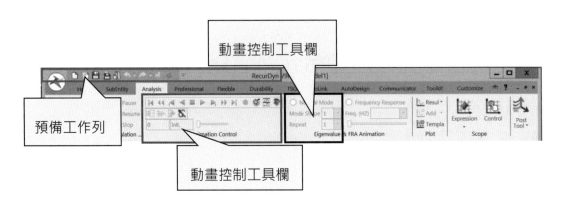

檔案選單

■檔案

> New

　新建檔案，可按Ctrl+N或點選 🗋 。

> Open

　開啟檔案，可按 Ctrl+O 或點選 📂
　副檔名必須是 *.rdyn 或 *.plot。

> Close

　關閉現在的視窗，可按 close。

> Save

　儲存檔案，可按 Ctrl+S 或點選 💾
　副檔名可以是 *.rdyn 或 *.plot。

> Save As

　可變更檔案名稱或存在別的地方。

■匯入與匯出

□匯入組合模型

> Import & Export

可以匯入或匯出各種檔案。

Help 第三章有詳細說明。

> Import in the Assembly Mode

有四種模式：

1.組裝、2.單一物體、3.平面構圖、4.子系統。

匯入與匯出的物件不同於一般模態。

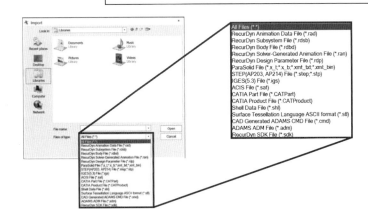

檔案選單

■匯入與匯出

□匯入組合模型

All Files (*.*)
RecurDyn Animation Data File (*.rad)
RecurDyn Subsystem File (*.rdsb)
RecurDyn Body File (*.rdbd)
RecurDyn Solver-Generated Animation File (*.ran)
RecurDyn Design Parameter File (*.rdp)
ParaSolid File (*.x_t;*.x_b;*.xmt_txt;*.xmt_bin)
STEP(AP203, AP214) File (*.step;*.stp)
IGES(5.3) File (*.igs)
ACIS File (*.sat)
CATIA Part File (*.CATPart)
CATIA Product File (*.CATProduct)
Shell Data File (*.shl)
Surface Tessellation Language ASCII format (*.stl)
CAD Generated ADAMS CMD File (*.cmd)
ADAMS ADM File (*.adm)
RecurDyn SDK File (*.sdk)

> RecurDyn Subsystem File (*.rdsd)

這個檔案包含子系統基準，可以匯出到 RecurDyn，匯入子系統會讓子系統檔案成為獨立的，所以可以匯入多個子系統檔案。

> RecurDyn Body File (*.rdbd)

這個檔案包含物體基準，可以匯出到 RecurDyn 的檔案清單。

> RecurDyn Animation Data File (*.rad)

這個檔案包含動畫畫格計算結果，會在新的分析執行後自動地產生。

> RecurDyn Design Parameter File (*.rdp)

> ParaSolid File (*.x_t ; *.x_b ; *.xmt_txt)

因為 RecurDyn 使用 ParaSolid 核心，可以匯入或匯出一個 ParaSolid 檔案 '*.x_t', '*.x_b' 這些檔案是 ParaSolid 的檔案。

'*.x_t' 檔案包含文字格式，'*.x_b' 檔案包含二進位檔案格式，這些檔案可以建立物體結構和子系統結構。

檔案選單

■ 匯入

□ 匯入組合模型

```
All Files (*.*)
RecurDyn Animation Data File (*.rad)
RecurDyn Subsystem File (*.rdsb)
RecurDyn Body File (*.rdbd)
RecurDyn Solver-Generated Animation File (*.ran)
RecurDyn Design Parameter File (*.rdp)
ParaSolid File (*.x_t;*.x_b;*.xmt_txt;*.xmt_bin)
STEP(AP203, AP214) File (*.step;*.stp)
IGES(5.3) File (*.igs)
ACIS File (*.sat)
CATIA Part File (*.CATPart)
CATIA Product File (*.CATProduct)
Shell Data File (*.shl)
Surface Tessellation Language ASCII format (*.stl)
CAD Generated ADAMS CMD File (*.cmd)
ADAMS ADM File (*.adm)
RecurDyn SDK File (*.sdk)
```

> STEP(AP203,AP214) File (*.step ; *.stp)

這個檔案通常產生於 CAD 標準交換檔程式，這些包含 3-D 實體結構。

> IGES File (*.igs)

這個檔案通常產生於 CAD 標準交換檔程式，這些包含 3-D 實體結構。

> ACIS File (*.sat)

這個檔案通常產生於 CAD 標準交換檔程式，這些包含 3-D 實體結構。

> CATIA File (*.CATPart ; *.CATProduct)

這個檔案通常產生於 CAD(CATIA) 標準交換檔程式，這些包含 3-D 實體結構。

> Shell Data File (*.shl)

這個檔案通常產生於 CAD 標準交換檔程式，這些包含 3-D 實體結構。

> Stereolithography Data File (*.slp ; *.stl)

這個檔案通常產生於CAD(Pro/E) 標準交換檔程式，這些包含3-D 實體結構。

> CAD Generated ADAMS CMD File (*.cmd)

這個檔案包含模型基準產生於 CAE(ADAMS) 程式，它用 ASCII 格式。

> ADAMS ADM File (*.adm)

這個檔案包含模型基準產生於 ADAMS。

> RecurDyn 3.x File (*.dyn)

可以使用這個選項來匯入一個 RecurDyn 版本 3.xx 模型資料。

> RecurDyn SDK File (sdk)

檔案選單

□匯入

■匯入組合模型

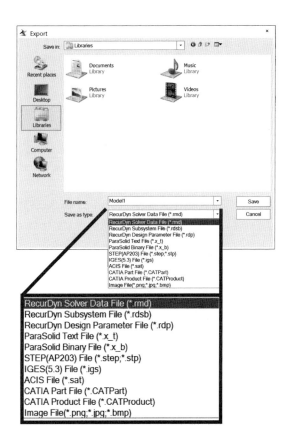

檔案選單

■匯出

□匯入組合模型

RecurDyn Solver Data File (*.rmd)
RecurDyn Subsystem File (*.rdsb)
RecurDyn Design Parameter File (*.rdp)
ParaSolid Text File (*.x_t)
ParaSolid Binary File (*.x_b)
STEP(AP203) File (*.step;*.stp)
IGES(5.3) File (*.igs)
ACIS File (*.sat)
CATIA Part File (*.CATPart)
CATIA Product File (*.CATProduct)
Image File(*.png;*.jpg;*.bmp)

> RecurDyn Solver Data File (*.rmd)

The rmd 檔案包含 Solver 分析資料。在 rmd 檔案裡，可以看見實體的資訊，一個為接點，一個為力和表現，以及一個為使用的資料筆記簿。可以確認模型的資料於 rmd 檔案裡。

> RecurDyn RPLT header File (*.rplh)

> RecurDyn Subsystem File (*.rdsb)

可以匯出當前的模型於一個子系統模型。

> RecurDyn Design Parameter File (*.rdp)

> ParaSolid Text File (*.x_t)

> ParaSolid Binary File (*.x_b)

可以匯出當前的模型於 ParaSolid 的檔案。這個指令裡，必須確認匯出的 ParaSolid 檔案版本。

檔案選單

■ 匯出

□ 匯出到子系統模型

> 匯出到子系統模型

在此模式中，可以只匯出當前的子系統於 RecurDyn Solver 資料檔案或是 RecurDyn 的子系統檔案。

RecurDyn Solver Data File (*.rmd)
RecurDyn Subsystem File (*.rdsb)
RecurDyn Design Parameter File (*.rdp)

編輯清單

■ 編輯命令

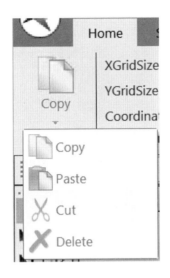

> 編輯命令

可以從編輯清單中選擇剪下、複製、貼上、刪除等各種命令。

能從捷徑或工具執行各命令。

被複製的對象被建立在沿 X 和 Y 軸中被轉移的位置。

一個複製的物件若是名稱為「C」，則第一個複製出來的物件名稱將被內定為
「C1_Body1」，若再複製一次則會變成「C2_Body1」，以此類推。

編輯工具標準工具欄

編輯清單

■ 物件控制

> ➤ 物件控制
>
> 如果執行物件控制命令在 Edit 選單或選擇物件控制圖像，能打開物件控制板。
> 物件控制板有三頁。第一頁為移動物體，第二頁為轉動物體，第三頁為能移動
> 一個物體向一個相對參考位置。

物件控制標準工具欄

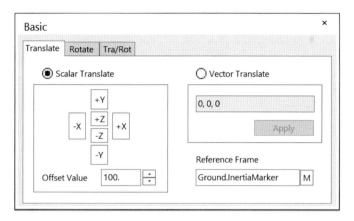

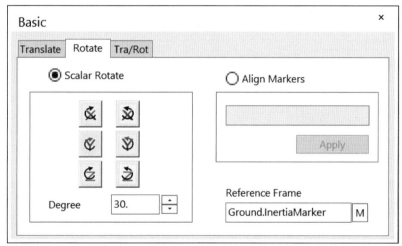

編輯清單

■ 物件控制

□ 移動說明

➢ 標準移動

使用「Scalar Translate」選項，可以移動物體從選擇的方向來偏移位置量。

按鈕的方向標誌定義參考框架。

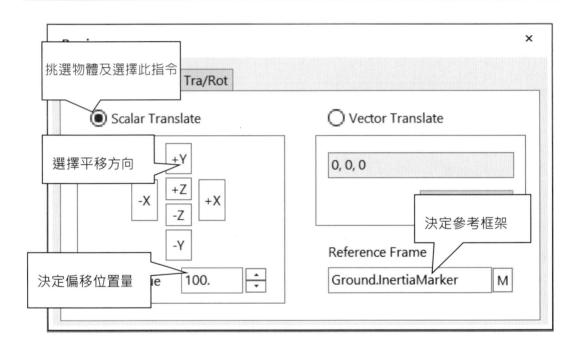

➢ 向量移動

能刪除定義向量的移動來從事想要的位移變化。

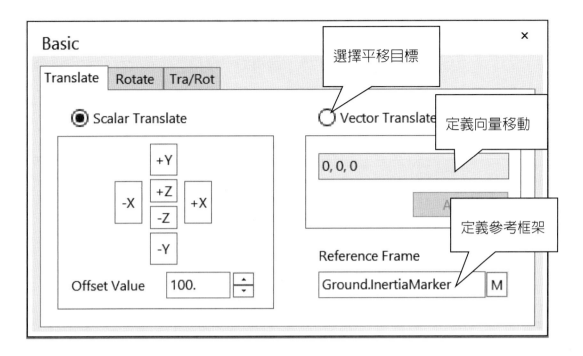

編輯清單

■ 物件控制

□ 旋轉說明

> 標準轉動
能轉動選擇的對象，使其沿參考框架的軸做設定旋轉。

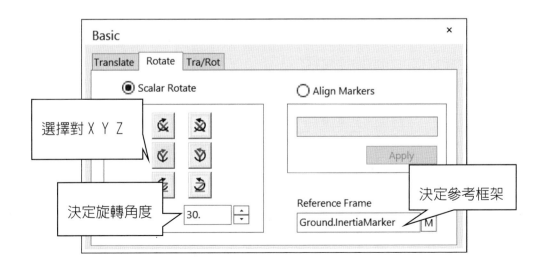

> Align Markers

如果使用這「Align Markers」的選擇，選擇的一個標誌能有同樣取向作爲參考框架。

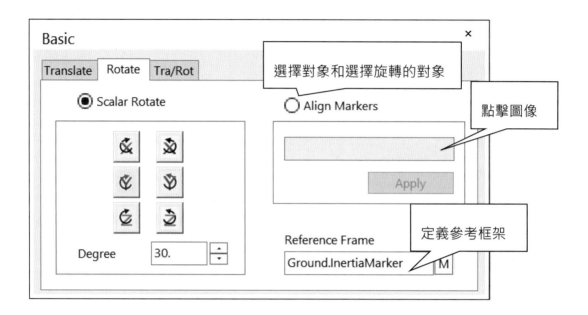

編輯清單

■ 物件控制

□ 移動 / 旋轉 說明

> 移動 / 旋轉說明

在這頁，能修改位置和取向標誌當相對標誌被定義爲參考標誌。

如果選擇參考標誌和自轉軸標誌，相對位置取向自動地被顯示在空白處。使用這樣的工具，能測量在二個標誌之間的相對位置和取向。

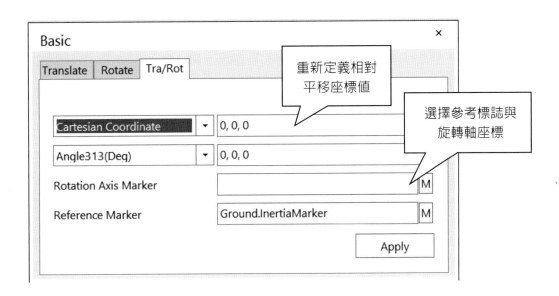

檢視畫面

■ 工具列

□ 控制檢視

> 檢視控制畫面
藉由使用這一個檢視控制指令的工作視窗，能修改 3D 立體檢視體。記住關於視野的捷徑控制，因為那是非常有用的模型系統。可以選擇六分之一直角的視野點。在 Help 的第一章有詳細說明。

檢視控制工具在平面控制欄裡

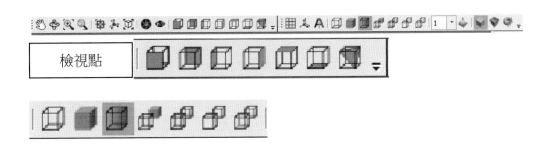

> Rendering 模擬仿真畫面

能藉由改變圖形顯示的 Rendering 方式使用這個工具。執行這些指令可藉由使用指令畫面或點一下工具圖像，選擇的 Rendering 模型將在整個的幾何學物件上應用顯示之。

Rendering	

檢視畫面

■ 工具列

□ 工作平面和網格

> 工作平面

在 RecurDyn/Modeler，所有元素產生必須涉及到 2D 平面。藉由使用網格功能，使用者更能定義點元件的精確位置。可以藉由使用工具圖像，將當前的工作平面換成目前工作平面的 6 個檢視平面之一。

控制網格和工作平面

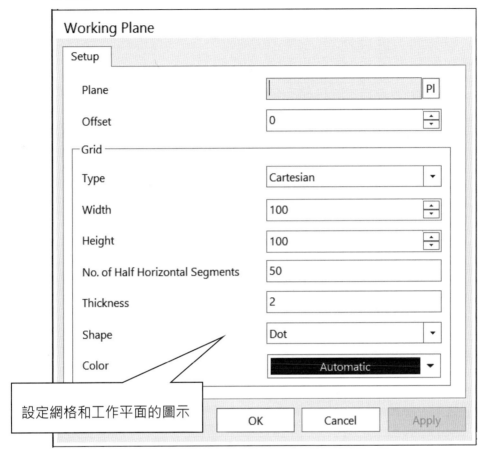

設定網格和工作平面的圖示

檢視畫面

■ 工具列

□ 工作平面和網格

> 網格

網格工具是常用於製造各方面的有用工具，能幫助使用者選擇確切的點在工作平面上。同時在工作視窗中，能藉由看網格上的點，來確切利用網格使用所要用的座標點。

網格和工作平面的控制列

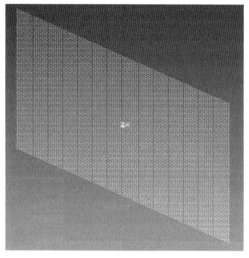
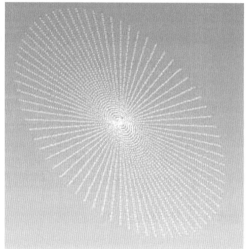

檢視畫面
■ 工具列
□ 工作面 & Grid

工作平面的控制列

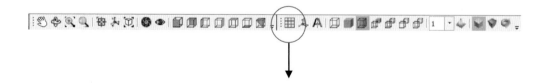

檢視畫面

■ 工具列

□ 圖像工具

> 圖像工具

如果選擇「Icon On/Off」檢視畫面的指令（或圖像），能開啟「Icon On/Off」對話窗口和設定顯示狀態圖示。

在「Icon On/Off」對話窗口，能定義圖示的大小。

Icon Control ✕

Icon On/Off

- ☑ **All Icons**
  - ☑ Joint
  - ☑ Force
  - ☑ Contact
  - ☑ Sensor
  - ☑ Parametric Point
  - ☑ Initial Velocity
  - ☑ Wall / Vessel
- ☑ **All Markers**
  - ☑ Center Marker
  - ☑ General Marker
- ☑ Inertia Reference Frame

Icon Size	100.
Marker Size	100.
Marker Z-Axis Width	2.
Initial Velocity Width	2.

分析清單

■ 分析

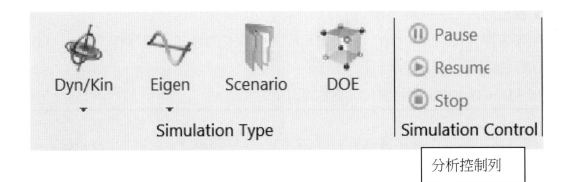

分析控制列

> Dynamic/Kinematic

　從事動力學／運動學分析模擬仿真。

> Static

　從事靜力學分析模擬仿真。

> Eigenvalue

　從事特徵值分析模擬仿真。

> Pre

　找出多餘外力、自由座標和計算自由度以及組件模擬仿真是否合於運動學
　理論。

> Direct Frequency Response

　搜尋設計有幾個自由變數。

> Scenario File

　定義模擬仿真程序。

> Pause Analysis

　暫停分析模擬仿真。

> Resume Analysis

　開始分析模擬仿真。

> Stop Analysis

　停止分析模擬仿真。

分析清單

■ Dynamic/Kinematic 分析

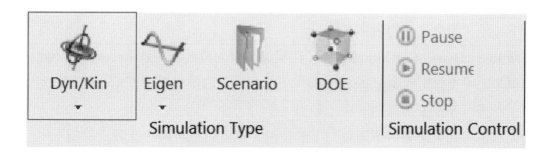

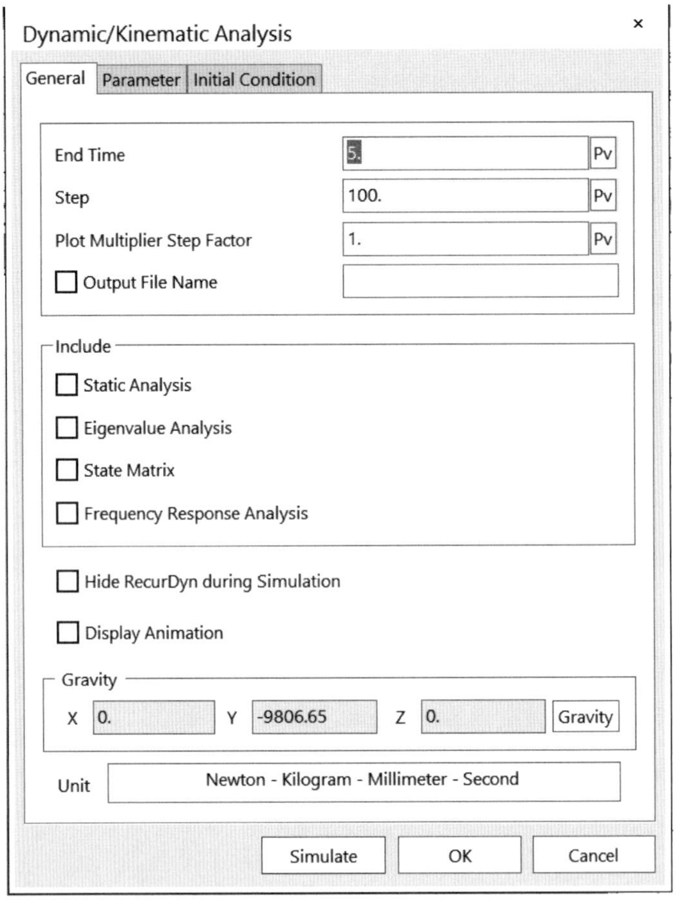

> ➤ Dynamic/Kinematic 分析（一般設定頁）
>
> 結束時間：模擬仿真的結束時間。
>
> Step：輸出為報告的資料數量大小。
>
> 靜態分析：在動態分析之前執行一個靜態分析。
>
> 包含特徵分析：勾選包含特徵項目，則可對該項目也進行分析。
>
> 指令文件：指令文件的名字。
>
> 隱藏 RecurDyn during Simulation：在模擬仿真的情況下，將 RecurDyn 隱藏。
> 如果想要停止分析或顯示 RecurDyn，可以用滑鼠右鍵來點選圖示，便可設定。
>
> 顯示動畫：在模擬仿真期間顯示動畫。
>
> 重力單位：如果想分析不同重力下的情況，那就可以直接在此設定數據。

> Dynamic/Kinematic 分析（變數頁）

最大指令：最大積分器指令為 BDF 在 DDASSL。當數值變較小時，阻尼值會變大。反之，數值變大時，解答的準確性就變大。

最大步驟：積分器在模擬仿眞時的最大步驟。

容忍誤差：在模擬仿眞中所能容忍的最大誤差限制。

積分器類型：選擇績分器類型。RecurDyn 支援二個含蓄積分器的模態，分別為 DDASSL 和廣義阿爾法（IMGALPHA）方法，廣義阿爾法方法有較大的穩定區域，但是精準性較低；而 DDASSL 有較準確的誤差控制機制。

分析清單

■ 靜態分析

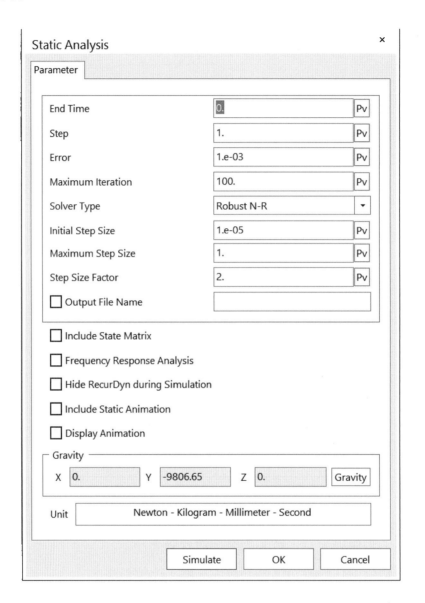

> ➤ End time：模擬仿真的結束時間。
> ➤ Step：設定報告的取樣資料數據，特別要確定模擬仿真的步驟尺寸。
> ➤ Error：定義匯合的標準。

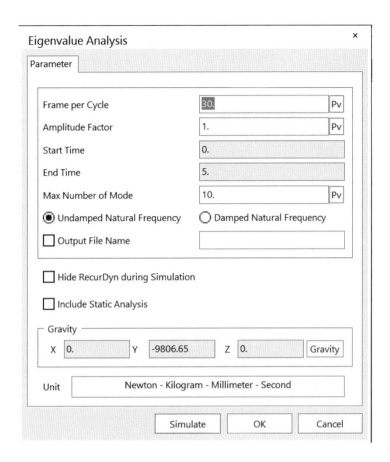

> Frame per Cycle：給予每週期的畫面數目。

> Amplitude Factor：給予振幅比例因子。

> Start Time & End Time：執行選定分析領域之開始和結束的時間。

> Maximum Number of Modes：最大模態數值。

> Include Static Analysis：執行一個靜態分析在選定分析之前。

> Gravity：定義重力的方向和大小。

分析清單

■ 預先分析

Pre Analysis ✕

| Parameter |

☐ Output File Name [   ]

☐ Include State Matrix

☐ Hide RecurDyn during Simulation

☐ Display Animation

Gravity

X [0.]　　Y [-9806.65]　　Z [0.]　　Gravity

Unit [　　Newton - Kilogram - Millimeter - Second　　]

[Simulate]　[OK]　[Cancel]

> 預先分析

找出多餘外力、自由座標、計算自由度以及組件模擬仿真是否合於運動學理論。

分析清單

■ 影片檔案

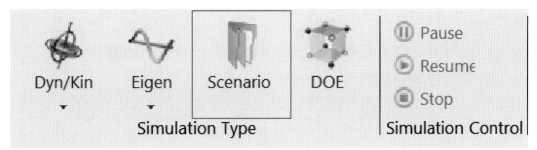

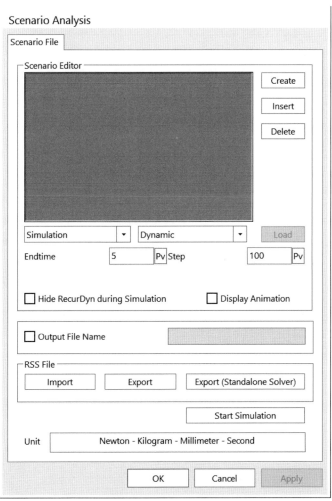

設定清單

■ 重力

> 重力
可以改變重力的大小和方向。
修改重力值於編輯區塊裡。
假如想要使用者預設的重力值選擇單位，選擇重力的方向讀取預設值。

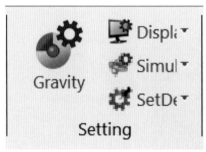

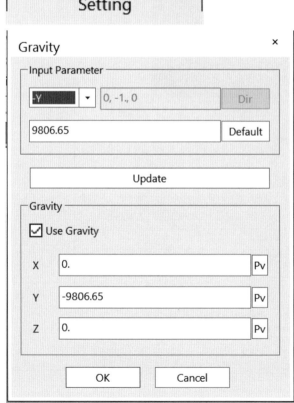

POST

■ 動畫控制

> 動畫控制工具列
> 可以用這個工具列來控制或顯示其結果的動畫情況。

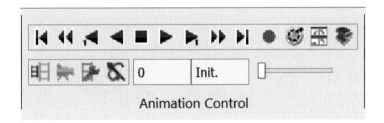

■ 錄影（按紅點，勾選 Convert to AVI with MS，再按 Save 鍵）

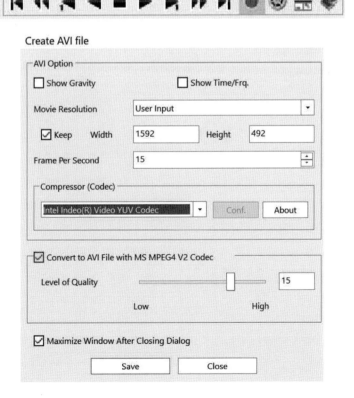

第 2 章

單擺動力學與
接點控制

2.1 單擺動力學

問題：

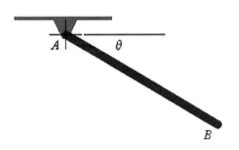

　　如圖所示之單擺（OA）和水平軸呈 30 度之 θ 夾角；假如單擺質量 m = 2 kg，長度 l = 450 mm，g = 9.8 m/s^2，並且以 3 rad/s 初角速度（CCW）釋放之，試求出單擺在釋放瞬間之角加速度 α、與繞 A 點旋轉時之 A 點反作用力。並且以 RecurDyn 模擬仿真本範例。

解答：理論值：F_A = 14.493 Newtons。

而數值分析值求解步驟如下：

1. 開啓 RecurDyn 軟體，進入開始畫面。
2. 選擇所要的檔名、單位（MMKS）與重力方向（-Y）。

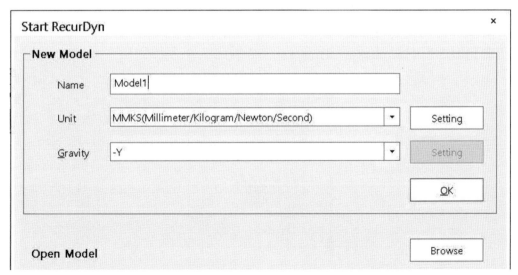

3. 開始 Body 繪圖，選擇 Link 為繪圖的零件。

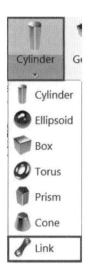

4. 先繪製一個 Link，以原點為中心。

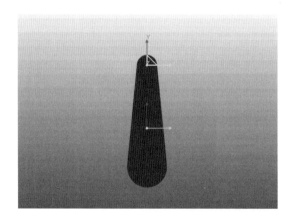

5. 可看到增加新的 Bodies → Body1。

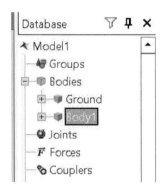

6. 對新增加的 Link 進行修改，選擇 Edit。

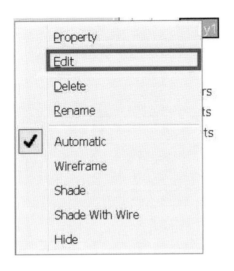

7. 進入零件的編輯修改畫面。

8. 選擇所要修改的零件並按滑鼠右鍵，選擇 Properties。

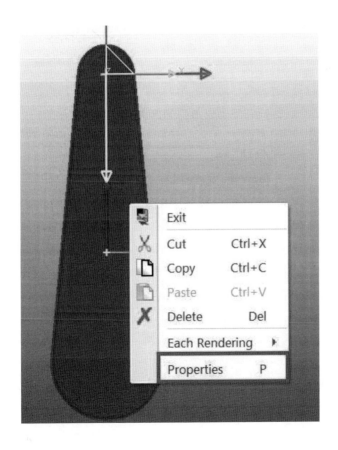

9. 可以看到原本繪製圖形的尺寸設定。

10. 修改成所要的尺寸設定。

Properties of Link1 [Current Unit : N/kg/mm/s/deg]

| General | Graphic Property | Link |

First Point	0, 0, 0	Pt
Second Point	0, -450., 0	Pt
Normal Direction	0, 0, -1.	
First Radius	10.	Pv
Second Radius	10.	Pv
Depth	27.5	Pv

OK   Cancel   Apply

11. 修改完畢後可看到新產生的零件圖形。

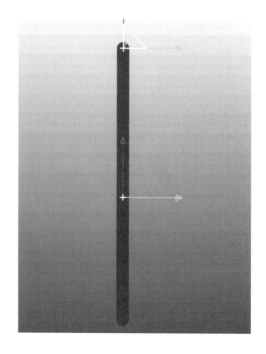

12. 選擇 Exit，離開編輯修改畫面（或按滑鼠右鍵選擇 Exit）。

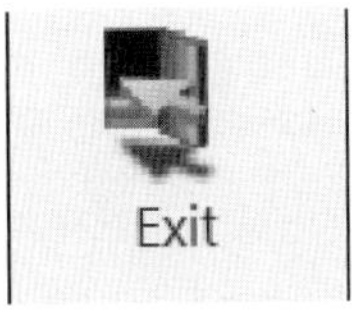

13. 選擇拘束條件（Constraint），依照所需的拘束條件來選擇，這裡使用 Revolute（銷接點或旋轉接點）。

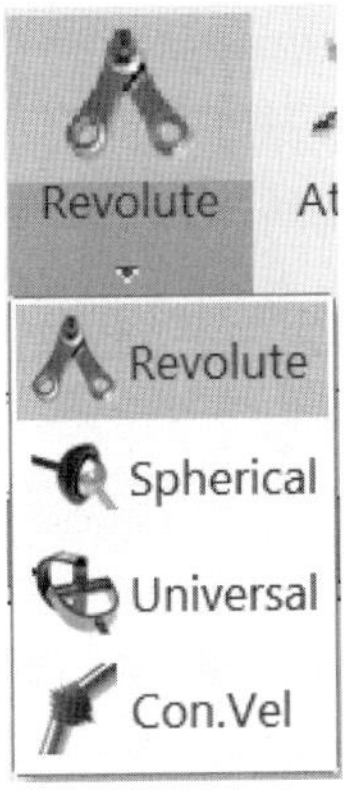

14. 選擇要建立拘束條件的位置。

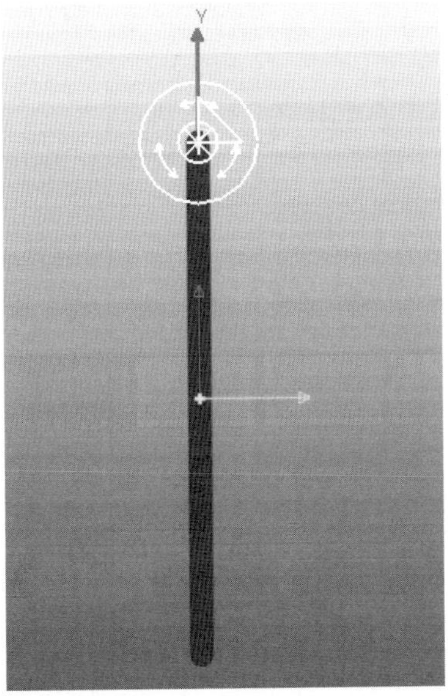

15. 拘束條件建立完成後，可以看到圖形上有拘束條件的圖形。

16. 可以看到 Joints 中產生一個新的 RevJoint1。

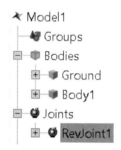

17. 對零件進行旋轉，使用 Object Control。

18. 進入 Object Control 中的 Rotate。

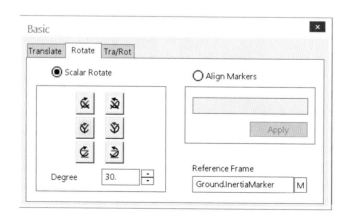

19. 選擇要旋轉的零件。

20. 選擇要旋轉的角度（60 度），點選要旋轉的方向（Z），可看到旋轉後的零件。

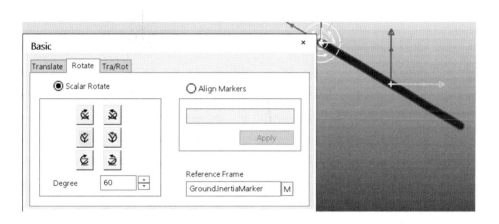

21. 進行零件的質量設定，選擇所要的零件，點選 Properties。

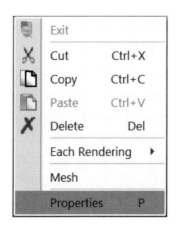

22. 選擇 Body → Material Input Type → User Input，設定 Mass（2.0kg）。

23. 對零件設定初始角速度，選擇 Initial Condition → Initial Velocity。

24. 進入 Initial Velocity 畫面，設定角速度的大小（3.0）與作用軸（Z）。

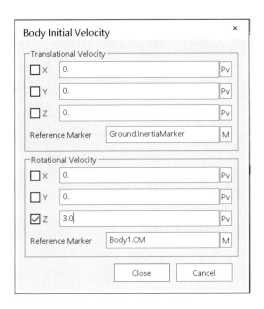

25. 可以看到經過上面設定後，零件已經產生的畫面。

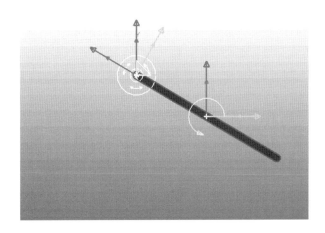

26. 進行結果計算，選擇 Analysis。

27. 設定結束時間與時間間距，還有一些所需要的計算設定。

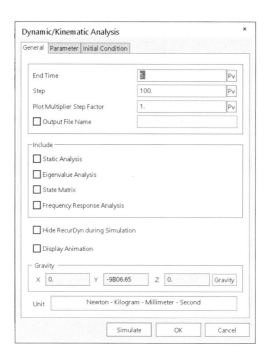

28. 系統會提示需要儲存檔案，設定要儲存的位置與檔名。

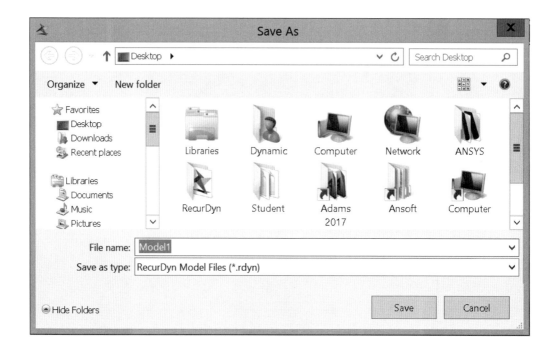

29. 計算完畢後，進入下面畫面。

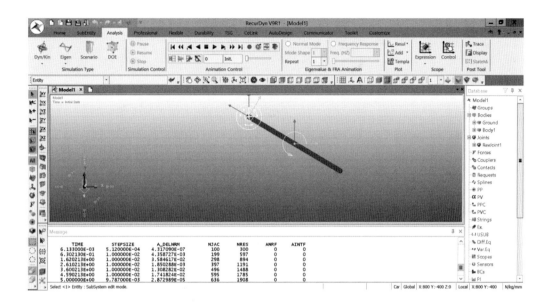

30. 可點選下面工具列，來觀看結果的動畫。

31. 顯示所需要的數值，點選 Plot Result。

32. 進入 Plot Result 的畫面。

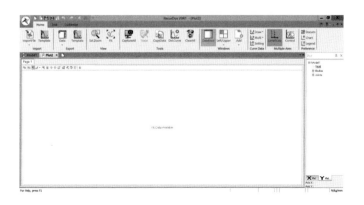

33. 觀看所需要的物體—質量中心點之 X 方向位移結果圖形（Body1 → Pos_TX）。

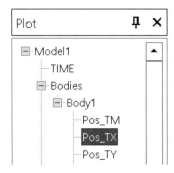

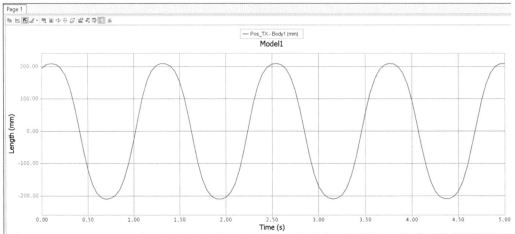

34. 觀看所需要的物體—質量中心點繞 Z 方向角位移結果圖形（Body1 → Pos_PSI）。

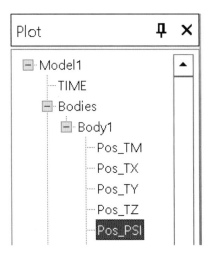

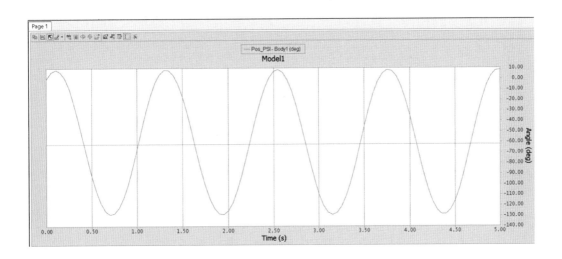

35. 觀看所需要的物體－質量中心點之速度和大小結果圖形（Body1 → Vel_TM）。

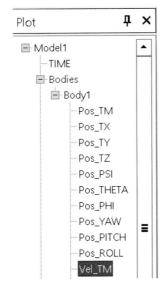

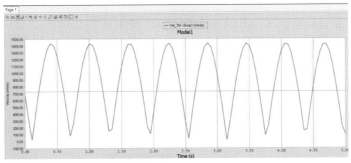

36. 觀看所需要的物體－質量中心點之加速度和大小結果圖形（Body1 → Acc_TM）。

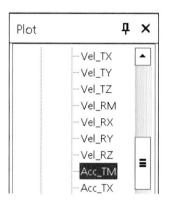

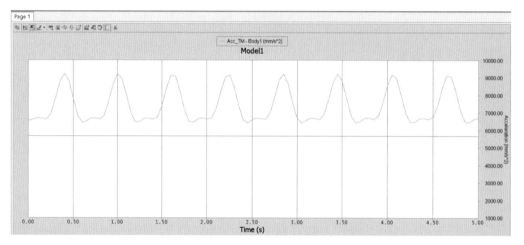

37. 觀看所需要的物體－與銷接點之作用力大小結果圖形（Joints1 → FM_Reaction_Force）。

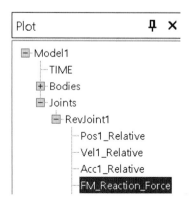

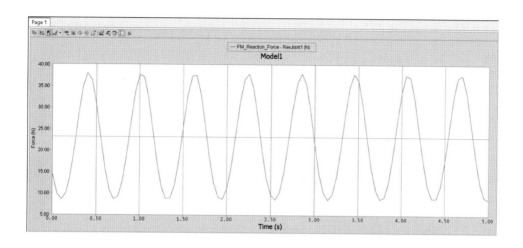

38. 觀看所需要的物體－與銷接點之 X 方向作用力結果圖形（Joints → RevJoint1 → FX_Reaction_Force）。

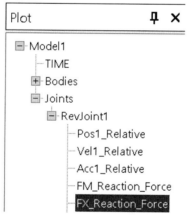

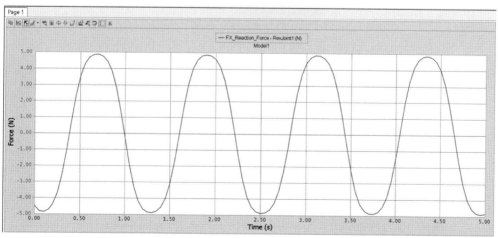

39. 輸出所需要物理量的數值，Export → Curve Data。

40. 選擇需要輸出的數值。

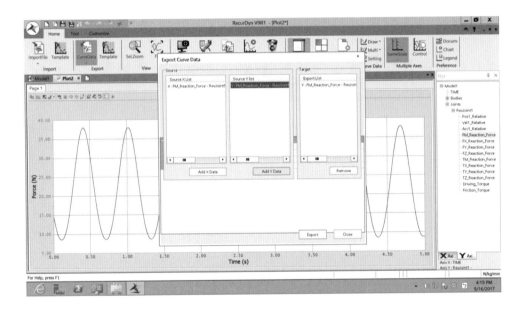

41. 輸出 Y:FM_Reaction_Force。

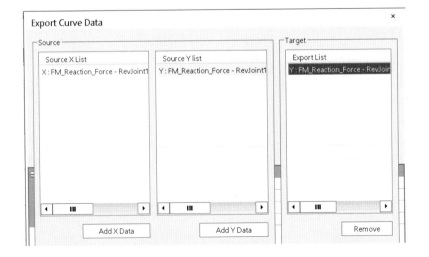

42. 設定儲存輸出參數的檔名與路徑。

43. 觀看輸出的結果。

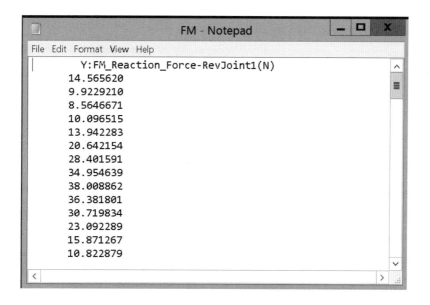

44. 驗證數值分析結果（起始值 FA=14.56562）的正確性與誤差百分比。

45. 存檔討論及結束分析。

2.2 單擺的位移控制

1. 進入 RecurDyn 之後，在拉開左方的工具欄裡的 Body，選取 Link。

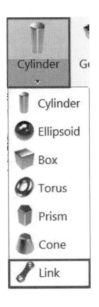

2. 選擇（0.0.0）當工作原點。拉開左方工具欄的 Joint，選擇 Revolute（銷接點），放置在工作原點（0.0.0）。

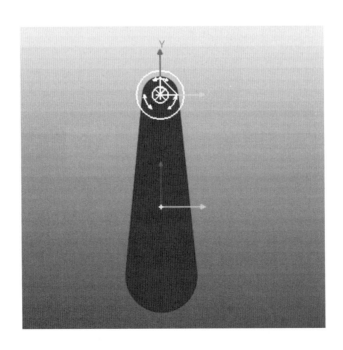

3. 點選接點之後按滑鼠右鍵，選取 Properties 後出現一個對話方塊，將 Include Motion 打勾，點入 Motion 鈕，進入對話方塊。

4. 進入對話方塊之後選取 EL 鈕。

5. 選取左下角的 Create 進入函數定義對話方塊。

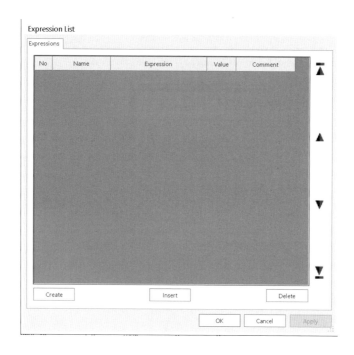

6. 輸入期望作動的函數，例如：2*pi*time。（$\theta = 2\pi * t$）。

7. 確定套用之後，回到操作介面，點取上方工具欄的 Analysis 。在對話方塊中更改其他設定值，如：End Time（終止時間）、Step（模擬仿真動作次數，次數越多作動速度越慢）、Gravity（重力的設置），基本設定值已經將重力加入，可依照需要決定是否放置重力或是增加某方向軸的重力。

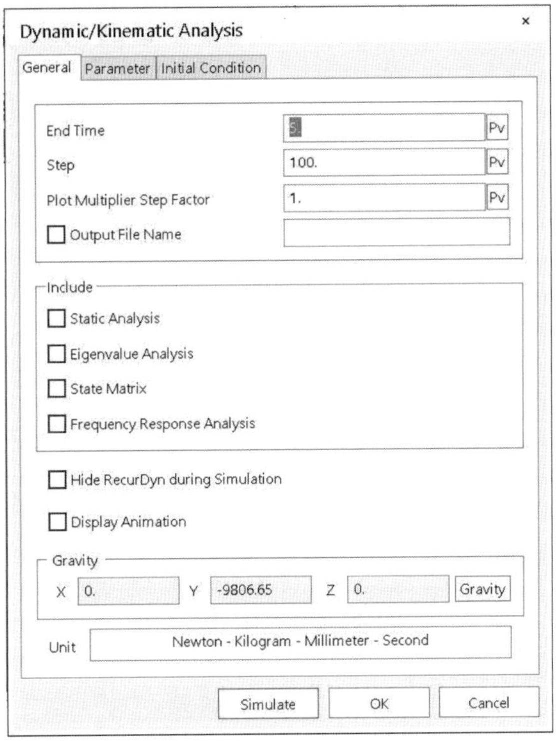

8. 選取 Simulate 開始分析，分析結束之後，點選右上角的 Run 開始觀察作動情形。

2.3 庫存函數介紹

RecurDyn 可以由輸入的函數來控制其作動，RecurDyn 所支援的函數有許多種，在下圖的左下方區域可以看到所有庫存函數名稱。

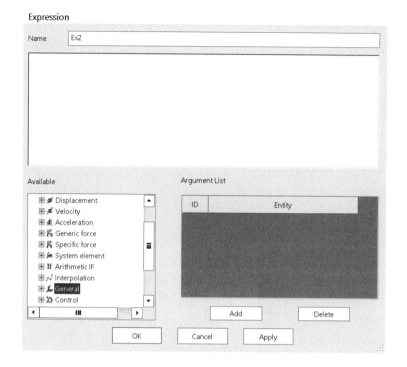

接下來是 General 函數，General 函數是 RecurDyn 軟體自己定義運算公式的函數庫，名稱、表達方式和運算公式如下。

1. 函數 IF：

IF(TIME–2.5: –1.0, 0.0, 1.0)

• Expression1 = TIME – 2.5

    • Expression2 = –1.0

    • Expression3 = 0

    • Expression4 = 1.0

IF TIME < 2.5	Result: = -1.0
IF TIME = 2.5	Result: = 0
IF TIME > 2.5	Result: = 1.0

2. 函數 STEP：

STEP(x, x_0, h_0, x_1, h_1)

Example：STEP(TIME, 2.0, 0.0, 3.5, 2)

- x = time: Independent variable
- x_0 = 2.0: X-value at which the STEP function begins
- h_0 =0.0: Initial value of the STEP function
- x_1 = 3.5: X-value at which the STEP functions ends
- h_1 = 2: Final value of the STEP function

起始爲 0 再 2 秒後轉動，結束於 3.5 秒停留在 2

3. 函數 CHEBY：

運算方程式：$C(x) = \sum_{j=0}^{n} C_j * T_j(x - x_0)$ $0 \leq j \leq n$

where $T_j(x - x_0) = 2* (x - x_0)*T_{j-1}(x - x_0) - T_{j-2}(x - x_0)$

$$T_1(x - x_0) = x - x_0$$

$$T_0(x - x_0) = 1.$$

CHEBY(x, x_0, c_0, c_1, c_2)

EX：CHEBY (time, 1, 1, 1, 1)

- x = time: Independent variable
- x_0 = 1: Shift in the Chebyshev polynomial
- c_0, c_1, c_2: Define coefficient for the Chebyshev polynomial
- c_0 = 1 • c_1 = 1 • c_2 = 1

C(x) =1*1+1*(time-1)+1*[2*(time-1)^2-1]

　　　=time+2*time^2-4*time+2-1

　　　=2*time^2-3*time+1

4. 函數 FORCOS：

運算方程式：$F(X)=c0+\sum_{j=1}^{n} c_j * T_j(x - x0),$ 　　 $0 \leq j \leq n$

　　　Where $T_j(x - x_0) = \cos[j*\omega*(x - x_0)]$

表達方式：FORCOS (x, x_0, ω, c_0, c_1, c_2)

Example：FORCOS (time, 0, 360D, 1, 2, 3)

- x = time: Independent variable
- x_0 = 0: Shift in the Fourier cosine series

- $\omega = 360D$: Frequency of the Fourier cosine series
- c_0, c_1, c_2: Define coefficient for the Fourier series
- $c_0 = 1$
- $c_1 = 2$
- $c_2 = 3$

$F(x) = 1+2*\cos(1*360D*time)+3*\cos(2*360D*time)$

5. 函數 POLY：

運算方程式：$P(x) = \sum_{j=0}^{n} a_j(x - x_0)^j$

表達方式：POLY (x, x_0, a_0, a_1, a_2)

Example：POLY (time, 0, 1, 1, 1)

- $x = time$: Independent variable
- $x_0 = 0$: Shift in the polynomial
- a_0, a_1, a_2: Define coefficient for the polynomial series
- $a_0 = 1$
- $a_1 = 1$
- $a_2 = 1$

$P(x) = 1+1*time+1*time^2$

$\qquad = time^2+time+1$

6. 函數 SHF：

運算方程式：SHF$=a*\sin(\omega*(x-x_0)-\psi)+b$

表達方式：SHF$(x, x_0, a, \omega, \psi, b)$

Example：SHF(time, 10D, PI,360D,0,3)

- $x = time$: Independent variable in the function
- $x_0 = 10D$: Offset in the independent variable x
- $a = PI$: Amplitude of the harmonic function
- $\omega = 360D$: The frequency of the harmonic function.
- $\psi = 0$: Phase shift in the harmonic function

- b = 3: Average Displacement of the harmonic function.
- SHF = pi*sin (360D*(time-10D)-0)+3

7. 函數 FORSIN：

運算方程式：$F(X)=a_0+\sum_{j=1}^{n}c_j*T_j(x-x0),\qquad 0\leqq j\leqq n$

Where $T_j(x+x_0)=\cos[\,j*\omega*(x+x_0)]$

表達方式：FORSIN (x, x_0, ω, a_0, a_1, a_2, a_3)

Example：FORSIN (time, 0.25, π, 0, 1, 2, 3)

- x = time: Independent variable
- x_0 = 0.25: Shift in the Fourier sine series
- $\omega = \pi$：Frequency of the sine series
- a_0, a_1, a_2: Define coefficient for the sine series
- $a_0 = 0$
- $a_1 = 1$　• $a_2 = 2$　• $a_3 = 3$

F(x) = 0 + 1*sin [1*π*(time + 0.25)] + 2 * sin [2 *π*(time + 0.25)] + 3 * sin [3 *π*(time+0.25)]

8. 函數 HAVSIN：

運算方程式 HAVSIN $= h_0$ $\qquad$ when $X \leqq X_0$

$$=\frac{(h_0+h_1)}{2}+\frac{(h_1-h_0)}{2}*\sin\frac{x-x_0}{x_1-x_0}*\pi-\frac{\pi}{2}\quad,\ \text{when}\ X_0\leqq X\leqq X_1$$

$$= h_1 \qquad\qquad\qquad ,\ \text{when}\ X\geqq X_1$$

表達方式：HAVSIN(x, x_0 , h_0, x_1, h_1)

- x: Independent variable
- x_0: The x-value at which the HAVSIN function begins
- h_0: Initial value of the HAVSIN function
- x_1: The x-value at which the HAVSIN function ends
- h_1: Final value of the HAVSIN function

2.4 庫存函數範例

在這一章節中，我們會將剛剛介紹過的函數挑選幾個，以結合物體拘束條件與驅動條件使用之，並且加以驗證。

一、範例一

連桿長度：500 mm。重力設置：−9806.65 N，在 Y 方向。質量：18.634259 kg。

以 SHF 函數定義旋轉接點以控制單擺：

1. 進入 RecurDyn 之後，在拉開左方的工具欄裡的 Body，選取 Link。
2. 擇（0.0.0）當工作原點。
3. 拉開左方工具欄的 Joint，選擇 Revolute（銷接點），放置在工作原點（0.0.0）上。
4. 點選接點之後按滑鼠右鍵，選取 Properties 後，出現一個對話方塊，將 Include Motion（動作）打勾，點入 Motion 鈕，進入對話方塊之後選取 EL 鈕。
5. 選取左下角的 Create 進入函數定義對話方塊。
6. 輸入期望作動的函數，例如：SHF(TIME,0,0.5*PI,360D,0,0)。

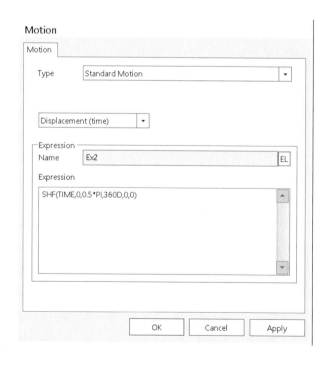

7. 確定套用之後，回到操作介面，點取上方工具欄的 Analysis ██ ·（End Time
   設定 5 秒，Step 設定 100），選取 Simulate 開始分析，分析結束之後，點選
   右上角的 Run 開始觀察作動情形。

8. Body1 的位移分析說明圖如下所示。

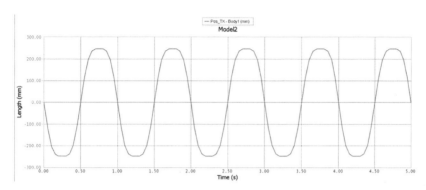

Body1_Pos_TX 之 X 軸的位移分析圖

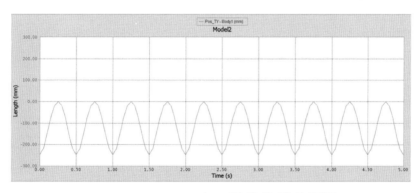

Body1_Pos_TY 之 Y 軸的位移分析圖

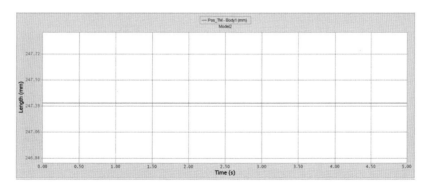

Body1_Pos_TM 之總和位移分析圖

9. Body1 的速度分析說明圖如下所示。

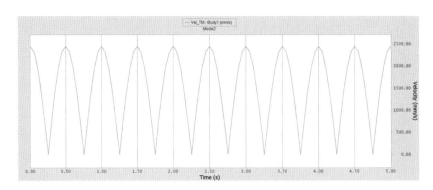

Body1_Vel_TM 之總和速度分析圖

10. Body1 的加速度分析說明圖如下所示。

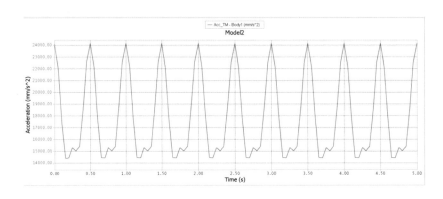

Body1_Acc_TM 之總和加速度分析圖

11. 銷接點反力分析說明圖如下所示。

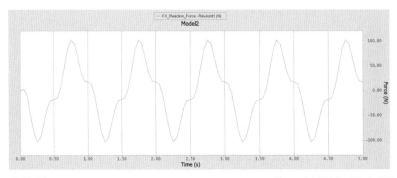

銷接點 RevJoint1_FX_Reaction_Force 的 X 軸反作用力圖

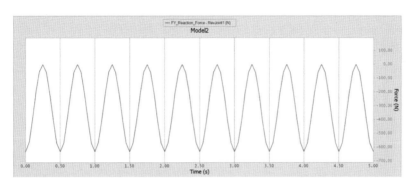

銷接點 RevJoint1_FY_Reaction_Force 的 Y 軸反作用力圖

二、範例二

IF 與 STEP 函數混合運用分析：

1. 開啟 RecurDyn 軟體，設定成 MMKS 制，Length: millimeter，Force: newton，Time: second，Gravity: –Y。

2. 把工作平面設成 XY 平面。

3. 開始繪製桿件，點選 Body → Link，位置在（0,0,0）連桿長度 =7mm。

4. 點選 Joint → Revolute，位置在（0,0,0），點選 Revolute，按滑鼠右鍵，進入 Properties，修改 Revolute 的性質。

5. 打勾 Include Motion 並點選 Motion，再點選 Expression 的 EL → 點選 Create。

6. 設定接點性質→ OK → 確定。

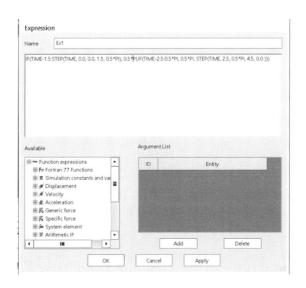

7. 討論方程式。

IF(TIME-1.5:STEP(TIME, 0.0, 0.0, 1.5, 0.5*PI)

, 0.5*PI,IF(TIME-2.5:0.5*PI, 0.5*PI, STEP

(TIME, 2.5, 0.5*PI, 4.5, 0.0)))

• Expression1 = TIME − 1.5

• Expression2 = STEP(TIME, 0.0, 0.0, 1.5, 0.5*PI)

• Expression3 = 0.5*PI

• Expression4 = IF(TIME-2.5:0.5*PI, 0.5*PI, STEP

(TIME, 2.5, 0.5*PI, 4.5, 0.0))

IF TIME < 1.5   Result: = STEP(TIME, 0.0, 0.0, 1.5, 0.5*PI)

IF TIME = 1.5   Result: = 0.5*PI

IF TIME > 1.5   Result: =IF(TIME-2.5:0.5*PI, 0.5*PI,STEP(TIME,2.5,0.5*

PI,4.5,0.0))

STEP(TIME, 0.0, 0.0, 1.5, 0.5*PI)

• x = time: Independent variable

• x_0 = 0.0: X-value at which the STEP function begins

• h_0 =0.0: Initial value of the STEP function

• x_1 = 1.5: X-value at which the STEP functions ends

• h_1 = 0.5*PI: Final value of the STEP function

起始為 0 再 0 秒後轉動，結束於 1.5 秒停留在 0.5*PI。

8. 實體連桿完成。

9. 進行分析點選 → Analysis 🔬 → Simulate (End Time 設定 5 秒，Step 設定

100) → 儲存完成 → 即可 Run。

10. Body1 的位移說明圖如下圖所示。

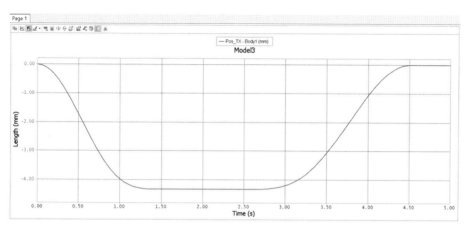

Body1_Pos_TX 之質量中心點 X 方向的位移分析圖

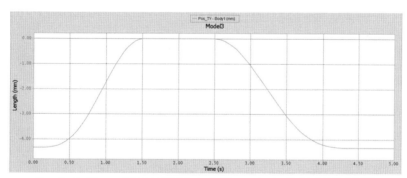

Body1_Pos_TY 之質量中心點 Y 方向的位移分析圖

11. Body1 的加速度說明圖如下圖所示。

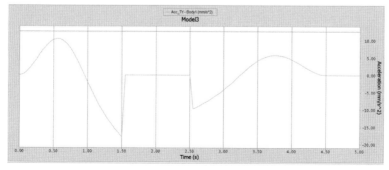

Body1_Vel_TM 之總和加速度分析圖

12. 接點反作用力說明圖如下所示。

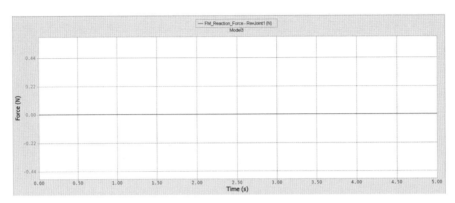

接點 RevJoint1_FM_Reaction_Force 的總和反作用力圖

2.5 RecurDyn 使用 Bushing 接點之滑動範例

使用 Bushing 接點可以用於 6 個自由度接點方向的彈性係數和阻尼的設定，相較於一般接點使用，更廣泛用於工業界之實際應用與測試上，諸如例題之滑動接點和旋轉接點的比較。

1. 產生出 2 個 Box（長、寬、高自訂）。

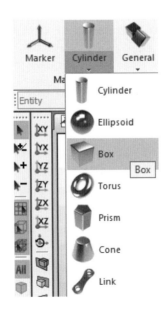

2. 點選 Translate，安裝在要滑動的 Box 上（下方 Box）。

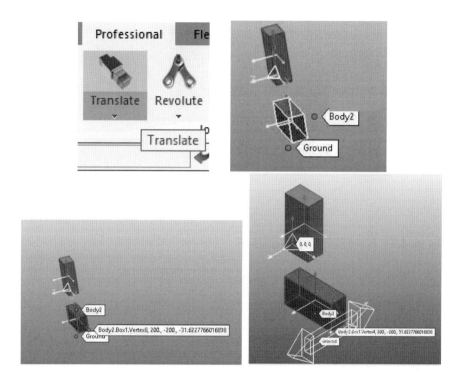

3. 設定滑動接點，輸入一個簡諧運動。

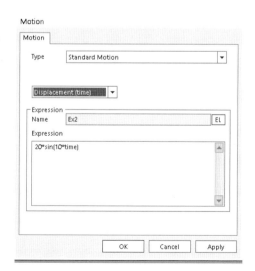

4. 設定一個 Bushing（上方 Box）。

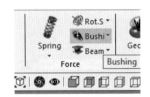

5. 點選 Bushing 再按右鍵，修改裡面設定。

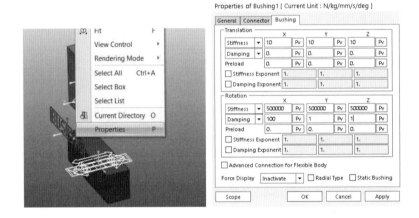

6. 按分析，把 Numerical Damping 改成 0.1。

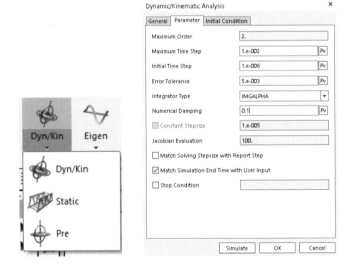

7. 觀看模擬仿真結果或從事後處理分析。

2.6 RecurDyn 使用 Bushing 接點之轉動範例

1. 產生出 2 個相同傾斜角度 30 度的圓柱。

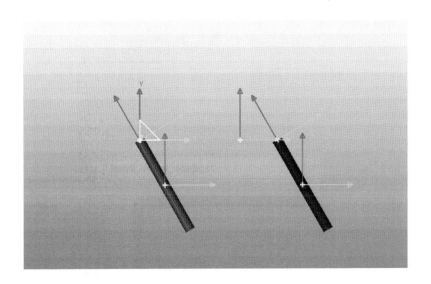

2. 點選旋轉接點。

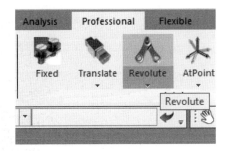

3. 把其中一個圓柱（左方圓柱）設定旋轉接點。

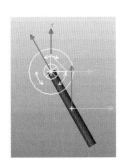

4. 選擇 Bushing。

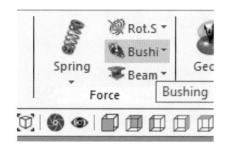

5. 在另一個圓柱上（右方圓柱）設定 Bushing。

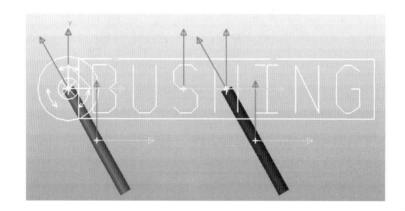

6. 按 Bushing，並按右鍵，選 Properties。

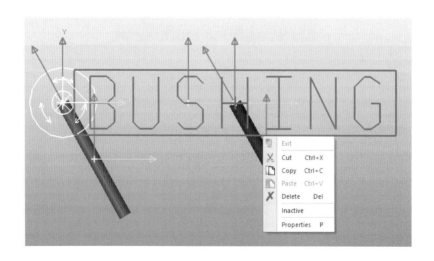

7. 繞著z軸剛度設為0，其他剛度設定為10E9，旋轉接點和Bushing為等效系統。

8. Bushing 繞著 z 軸阻尼設為 10，旋轉接點和 Bushing 擺動結果會因阻尼影響而不同。

9. 按旋轉接點，並按右鍵，點選 Properties。

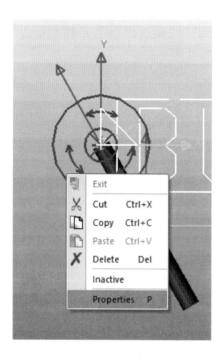

10. 按 Scope，然後點選 FM_Reaction_Force。

12. 觀察模擬仿真結果。

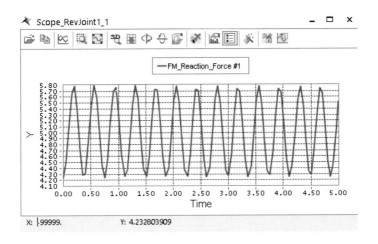

13. 按分析。

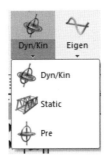

14. 所觀察之結果：旋轉接點物件和 Bushing 接點物件因受到旋轉阻尼影響，擺動到靜止時的時間有所不同。

第 3 章

機構剛體動力與平衡分析

3.1 平面四連桿的曲柄搖桿機構動力分析

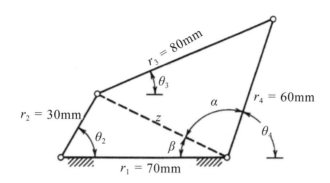

四連桿曲柄搖桿機構圖

根據 Grashoff 定理 [26]，四連桿曲柄搖桿機構需符合：

R1 < R3 – R2 + R4 ； R3 – R2 < R1 + R4 ； R4 < R1 – R2+ R3

R1 < R2 + R3 + R4 ； R2 + R3 < R1 + R4 ； R4 < R1 + R2 + R3

且最短桿爲主動桿，假使符合上述公式，則主動曲柄做連續旋轉，導致從動桿（搖桿）做固定範圍的搖擺運動。

本節將要模擬仿眞之四連桿曲柄搖桿規格如下：

1. 固定桿（Body1）：長 R1 = 70 mm，半徑 2 mm。
2. 主動桿又稱曲柄（Body2）：長 R2 = 30 mm，半徑 2 mm。
3. 連接桿（Body3）：長 R3 = 80mm，半徑 2mm。
4. 從動桿又稱搖桿（Body4）：長 R4 = 60 mm，半徑 2 mm。
5. R1 連接 R2 爲旋轉接點，R2 連接 R3 爲旋轉接點，R3 連接 R4 爲旋轉接點，R1 連接 R4 爲旋轉接點
6. 馬達設定在 R1 連接 R2 的旋轉接點上，轉速爲定轉速 1 rad/sec（CCW）。

一、四連桿之曲柄搖桿的繪製及定義

1. 開啓 RecurDyn 軟體，設定成 MMKS 制，Force = Newton，Length = Millimeter，Time = Second，Gravity = –Y。
2. 開始繪製桿件。

(1) Body1

a.點選工具列 Body → Cylinder，建構 Body1，在 Modeling Option 選擇 → Point,Point,Radius，選擇 Body1 起始位置在（0,0,0），Length = 70mm，Radius = 2mm，此時先在原點（0,0,0）按下第一點，第二點按在（100,0,0），接下來再進入下個步驟進行尺寸修改。

b.點選 Body1，按滑鼠右鍵，進入 Properties，修改 Body1 的長度，將長度設定為 70mm，半徑為 2mm。

c. 此時套用設定後如下圖所示。

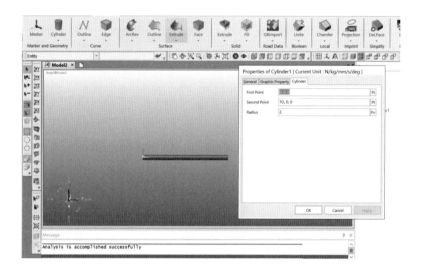

d. 點選 Body1，按滑鼠右鍵，進入 Properties，修改 Body1 的材質，將其設定為 Steel。

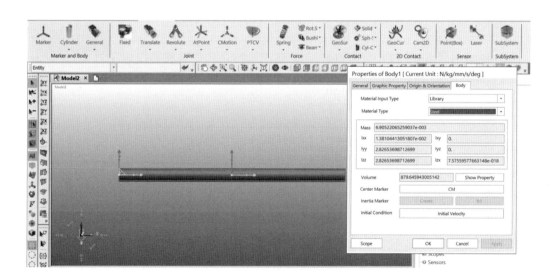

(2) Body2

    a.點選工具列 Body → Cylinder，建構 Body2，Modeling Option 選→ Point, Point, Radius，位置在（0,0,0），Length = 30mm，Radius = 2mm，第一點點在（0,0,0），第二點先隨意點在（0,100,0）。

    b.點選 Body2，按滑鼠右鍵，進入 Properties，修改 Body2 長度與半徑，長度為 30mm，半徑 2mm。

c.點選 Body2，按滑鼠右鍵，進入 Properties，修改 Body2 的材質。

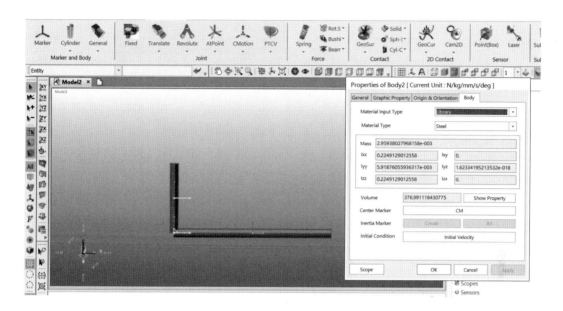

(3) Body3

a.點選工具列 Body → Cylinder 建構 Body3，Modeling Option 選→
Point,Point,Radius，Body3 位置在（0,30,0），Radius = 2mm，Length = 80mm。

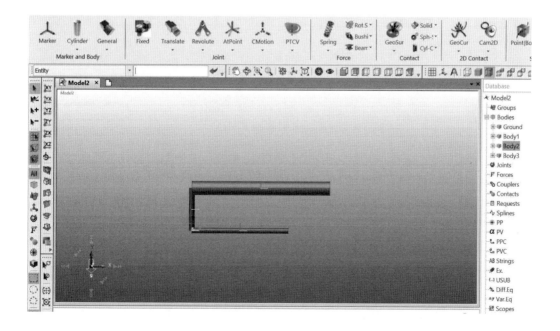

b.點選 Body3，按滑鼠右鍵，進入 Properties，修改 Body3，把長度改爲 80mm，半徑 2mm。

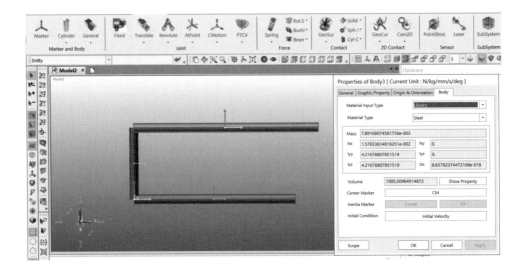

c.Body3 材質設定爲 Steel。

(4) Body4

　a.點選工具列 Body → Cylinder 建構 Body4，Modeling Option 選→
　　Point,Point,Radius，Body4 位置在（80, 30, 0），Radius = 2mm，Length
　　= 60m。

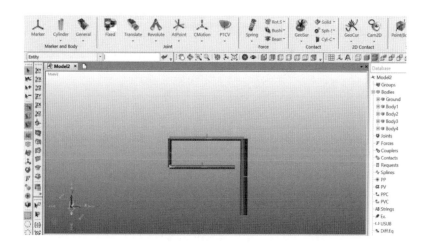

　b.點選 Body4，按滑鼠右鍵，進入 Properties，修改 Body4，把長度改為
　　60mm，半徑 2mm。

c.Body4 位置設定完成如下圖。

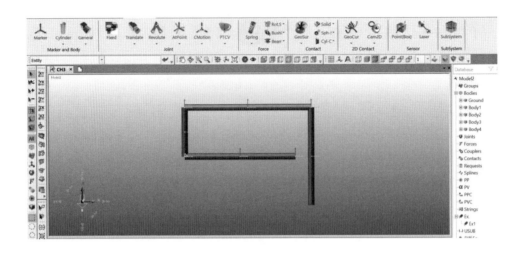

d.將其材質設定為 Steel。

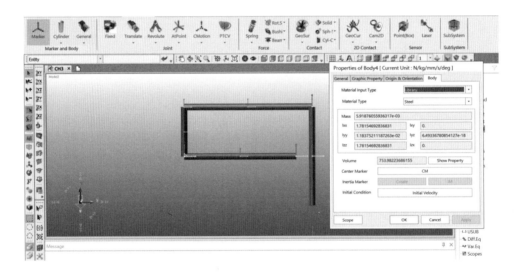

二、設定曲柄搖桿固定接點與旋轉接點

1. 設置固定接點 Fixed1，點選 Joint → Fixed，位置 Body1 質心或者 Body1 上之任意位置。

2. 設置機構的旋轉接點。

　(1) RevJoint1

　　a. 點選 Joint → Revolute，位置在（0,0,0）。

　　b. 選 RevJoint1 設定完成如下圖。

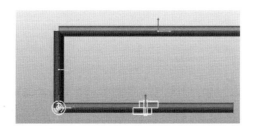

　　c. 在 Properties of RevJoint1 → Joint 上設置 Motion。設定轉速為 1 rad/sec
　　　(+:CCW)。

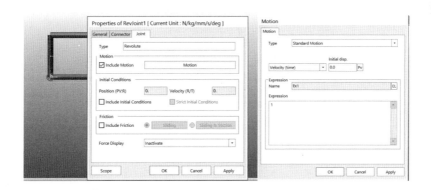

　　d. RevJoint1 設定完成。

(2) RevJoint2

　　a.點選 Joint → Revolute，RevJoint2 位置在（0,30,0）。

　　b.設定完成如下圖。

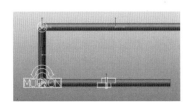

(3) RevJoint3

　　a.點選 Joint → Revolute，RevJoint3 位置在（80,30,0）。

　　b.設定完成如下圖。

(4) RevJoint4

　　a.點選 Joint → Revolute，Body1 點選地板，Body2 點選連桿 4，RevJoint4 位置在（80,-30,0）。

　　b.選取 RevJoint4，按滑鼠右鍵，進入 Properties，修改 RevJoint4 的相接物體元件，將原本左下圖的設定改為右下圖設定。

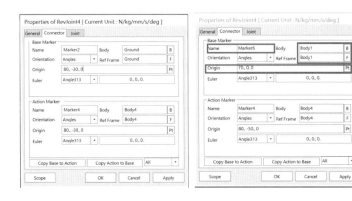

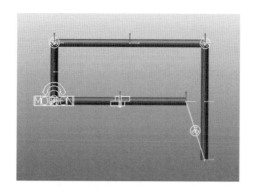

　　c.接點設定完成。

三、分析曲柄搖桿機構

1. 進行結果分析，使用 Analysis 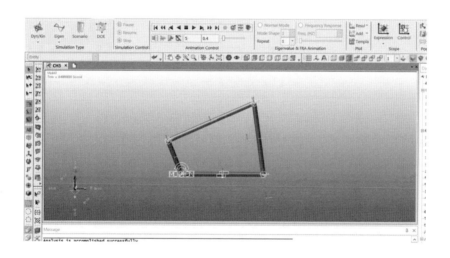，時間設定 10 秒。

2. 系統會提示需要儲存檔案，設定要儲存檔案的位置與檔名。

3. 求解計算完畢，訊息列出現成功訊息。

4. 點選 Play 按鈕，觀看動態結果。

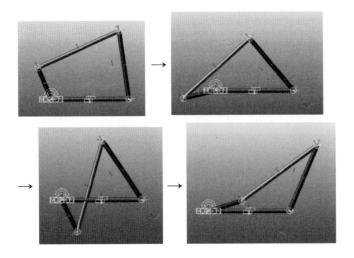

5. 驗證結果的正確性。

　　(1) Body4 的位移、速度和加速度。

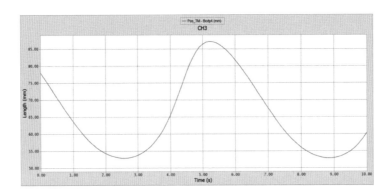

Body4_Pos_TM 的質量中心點總和位移分析圖

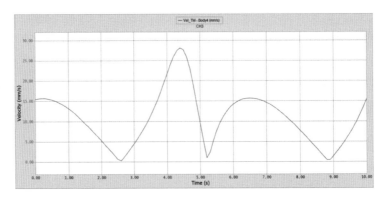

Body4_Vel_TM 的總和速度分析圖

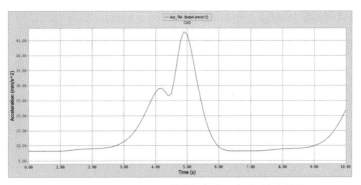

Body4_Acc_TM 的總和加速度分析圖

(2) 4 個 RevJoint 的反作用力。

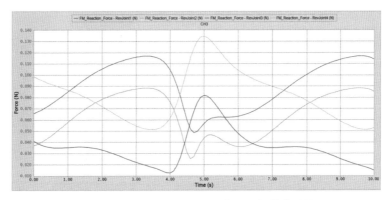

RevJoint1,2,3,4 的反作用力分析圖

6. 依此類推也可以繪出其他物理量關係分析圖。

3.2 空間連桿機構的 3D 曲柄滑塊動力分析

3D Slider Crank Mechanism [27]

1. 開啓 RecurDyn 軟體。

2. 輸入想要的檔名（Slider_Crank_3D），並且選擇單位（MMKS）和重力單位（-Z）。

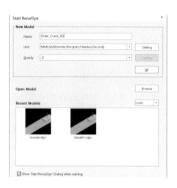

3. 點選 Body → Ground。

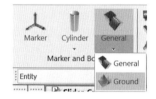

4. 轉換座標到 XZ 平面。

5. 點選 Box，繪製 Point1 [100, 0, -50]，Point2 [-100, 0, 0]，Depth=200。

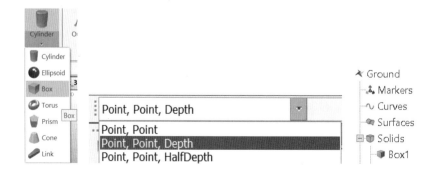

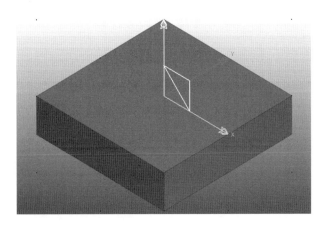

6. 點選 Box，繪製 Point1 [-100, 0, 200]，Point2 [-150, 0, -50]，Depth = 200。

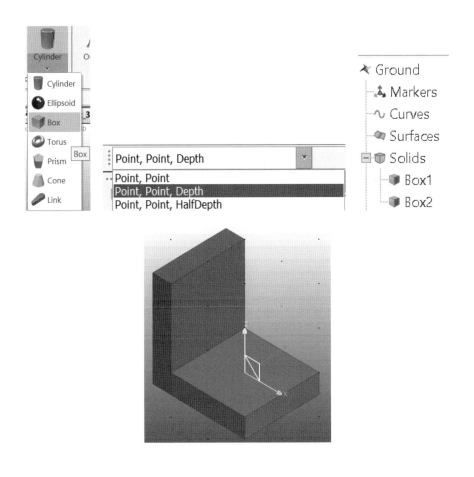

7. 點選 Cylinder，Point1 [-100, 0, 170]，Point2 [-80, 0, 170]。

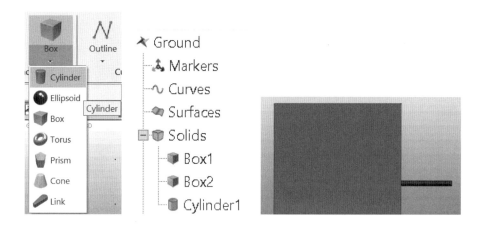

8. 修改 Cylinder1，Radius=20。

Properties of Cylinder1 [Current Unit : N/kg/mm/s/deg]

General	Graphic Property	Cylinder

First Point   -100., 0, 170.   Pt

Second Point   -80., 0, 170.   Pt

Radius   20.   Pv

OK	Cancel	Apply

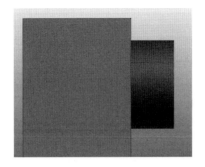

9. 點選 Cylinder，Point1 [-80, 0, 170]，Ponit2 [-40, 0, 170]，Radius=5。

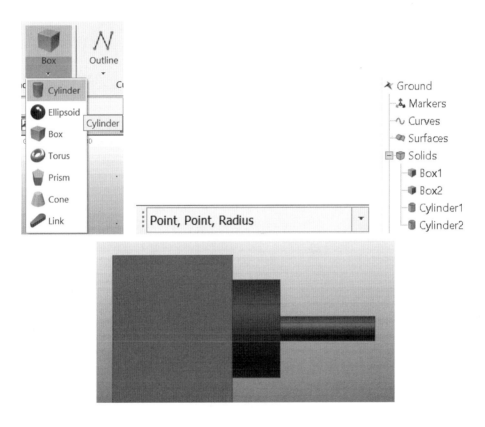

10. 轉換座標到 YZ 平面。

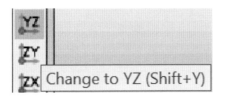

11. 點選 Outline。

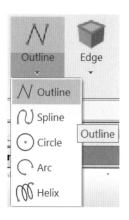

12. 點選 Line，依序下面座標連接。

1. [Y : -100, Z : 0]   8. [Y : 60, Z : -40]

2. [Y : -100, Z : -50]   9. [Y : -60, Z : -40]

3. [Y : 100, Z : -50]   10. [Y : -60, Z : -20]

4. [Y : 100, Z : 0]   11. [Y : -30, Z : -20]

5. [Y : 30, Z : 0]   12. [Y : -30, Z : 0]

6. [Y : 30, Z : -20]   13. [Y : -100, Z : 0]

7. [Y : 60, Z : -20]   14. Right mouse button（按滑鼠右鍵）

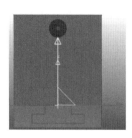

13.   點選 Exit，離開編輯畫面。

14. 轉換座標到 YZ 平面。

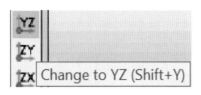

15. 點選 Extrude，選擇要的目標，Distance=250。

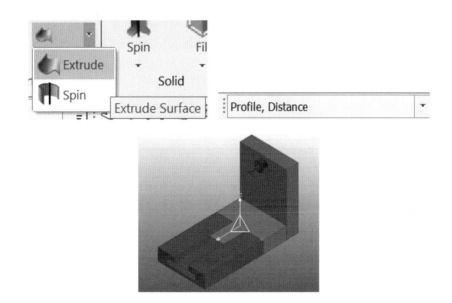

16. 轉換座標到 XZ 平面。

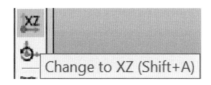

17. 點選 Basic Object Control，移動 Extrude1 零件。

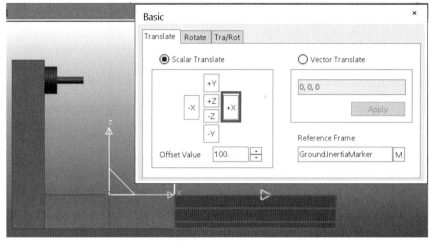

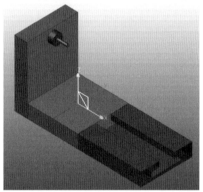

18. 點選 Exit，離開編輯畫面。

19. 轉換座標到 YZ 平面。

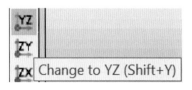

20. 點選 Link，繪製 Point1 [0, 0, 30]，Point2 [0, 0, 170]。

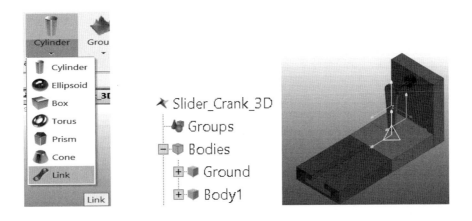

21. 對 Body1 重新命名爲 Link1，並對 Link1 編輯。

22. 修改 Link1 的參數。

　　Left Radius：20mm，Right Radius：25mm，Depth：20mm。

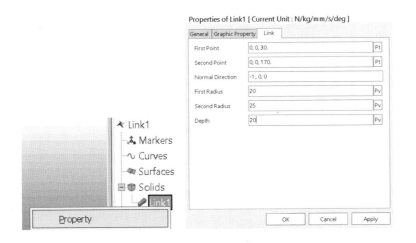

23. 點選 Ellipsoid，Origin：0, 0, 30，Radius：15。

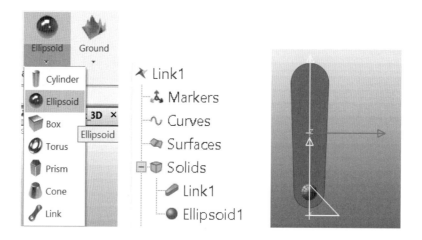

24. 點選 Unite，選擇 Link1 和 Ellipsoid1。

25. 點選 Ellipsoid，Origin：0, 0, 30，Radius：15。

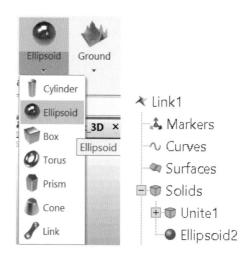

26. 點選 Object Control，移動 Ellipsoid2 零件，+X 方向 =5。

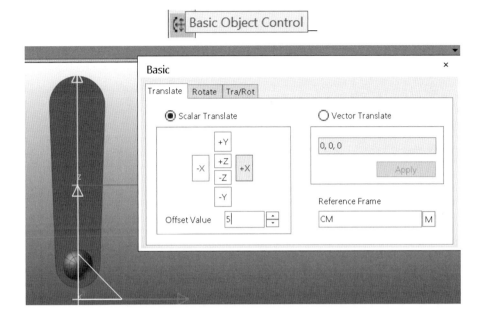

27. 點選 Subtract，選擇 Unite1 和 Ellipsoid2。

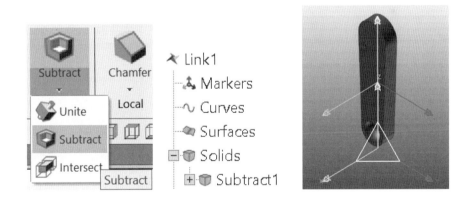

28. 轉換座標到 XZ 平面。

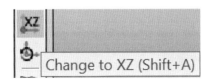

29. 點選 Cylinder，Point1 [10, 0, 170]，Point2 [30, 0, 170]，Radius=20。

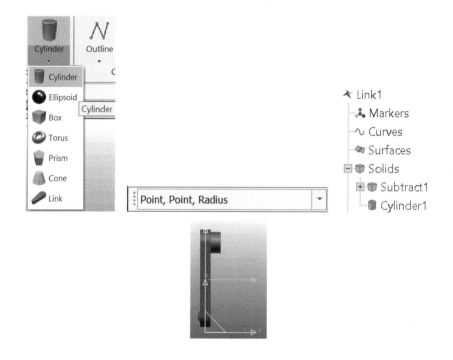

30. 點選 Exit，離開編輯畫面 。

31. 點選 Object Control，移動 Link1 零件，-X 方向 = 70。

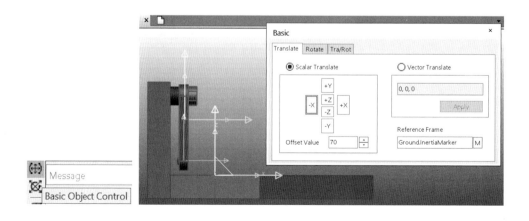

32. 點選 Cylinder，Point1 [-60, 0, 30]，Point2 [290, 0, 50]，Radius : 7mm。

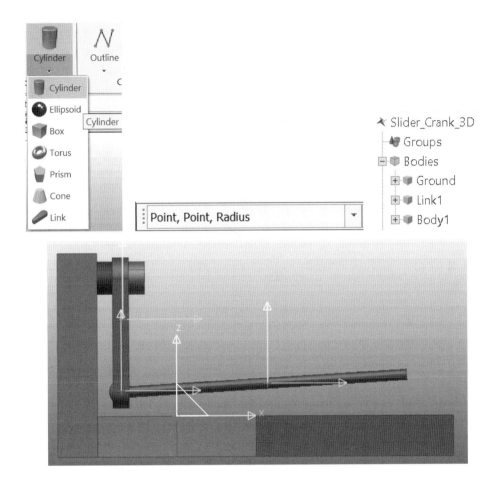

33. 重新命名，將 Body1 改為 Link2。

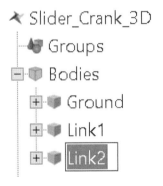

34. 對 Link2 編輯。

35. 點選 Ellipsoid，Origin [-60, 0, 30]，Radius : 13mm。

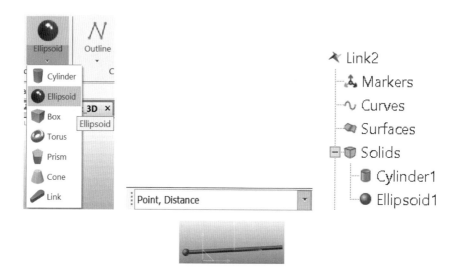

36. 點選 Ellipsoid，Origin [290, 0, 50]，Radius : 13mm。

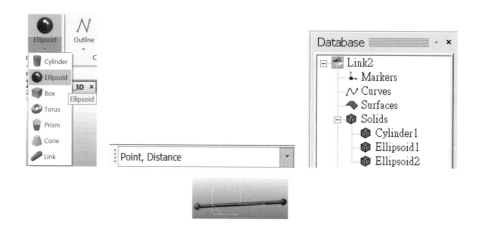

點選 Exit，離開編輯畫面。

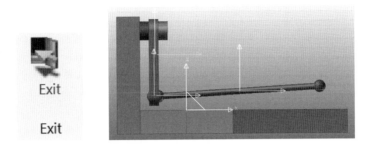

37. 轉換座標到 YZ 平面。

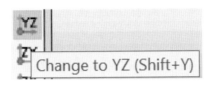

38. 點選 Box。

繪製 Point1 : [0, -60, -20]，Point2 : [0, 60, -40]，Depth : 100。

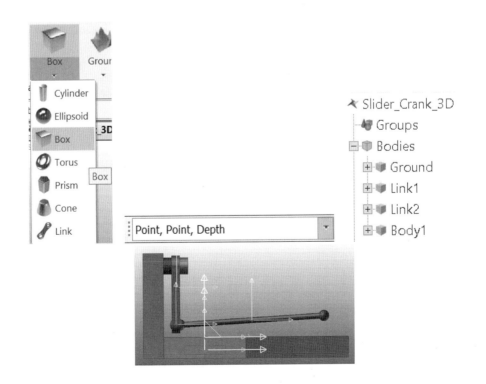

39. 重新命名，將 Body1 改為 Link3。

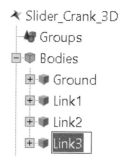

40. 對 Link3 編輯。

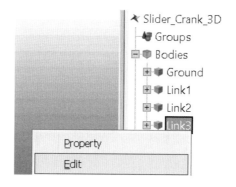

41. 點選 Box。

繪製 Point1 : [0, -30, 20]，Point2 : [0, 30, -20]，Depth : 100mm。

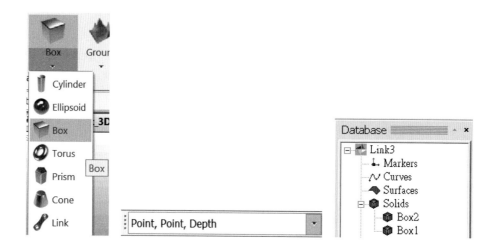

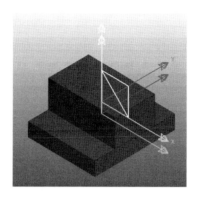

42. 點選 Link，Point1 [0, 0, 50]，Point2 [0, 0, -10]，Depth：20mm。

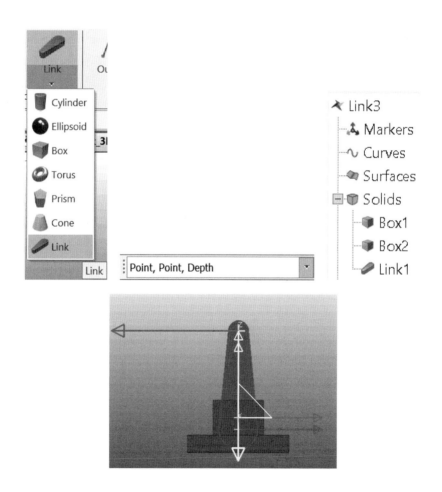

43. 修改 Link1 的參數，First Radius : 20mm，Second Radius : 25mm。

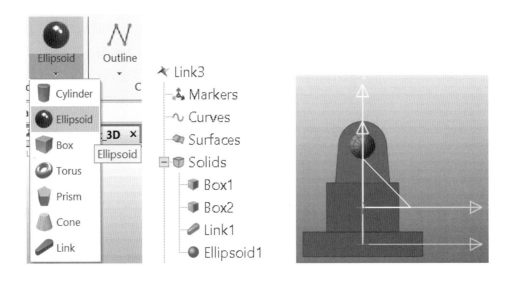

Properties of Link1 [Current Unit : N/kg/mm/s/deg]

General | Graphic Property | Link

First Point	0, 0, 50.	Pt
Second Point	0, 0, -10.	Pt
Normal Direction	0, -1., 0	
First Radius	20.	Pv
Second Radius	25.	Pv
Depth	20.	Pv

OK   Cancel   Apply

44. 點選 Ellipsoid，Origin [0, 0, 50]，Radius : 15mm。

45. 點選 Unite，選擇 Link1 和 Ellipsoid1。

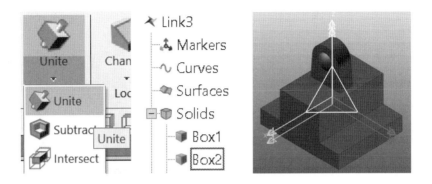

46. 點選 Ellipsoid，Origin [0, 0, 50]，Radius : 15mm。

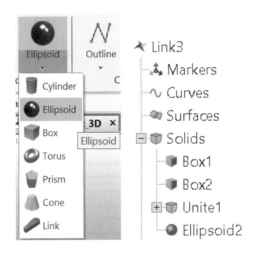

47. 點選 Object Control，移動 Ellipsoid2 零件，+X 方向 =5。

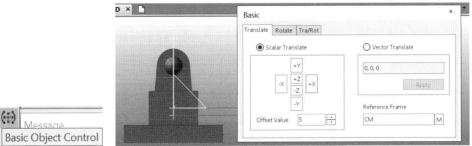

48. 點選 Subtract，選擇 Unite1 和 Ellipsoid2。

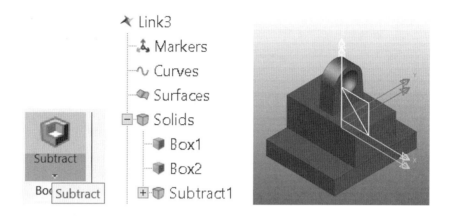

49. 點選 Object Control，移動 Subtract1 零件，Z 軸轉 180 度。

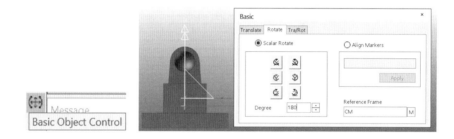

50. 點選 Exit，離開編輯畫面。

51. 轉換座標到 XZ 平面。

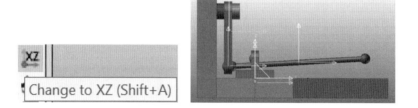

52. 點選 Object Control，移動 Link3 零件，+X 移動 300mm。

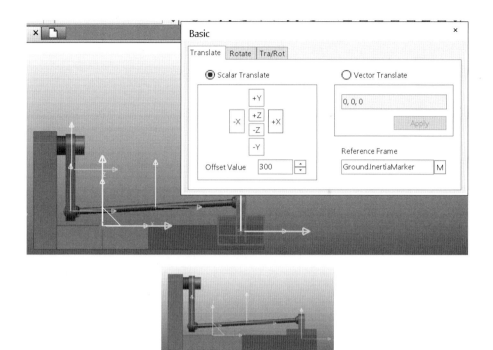

53. 點選 Revolute，Point1 [-70, 0, 170]，Point2 [-20, 0, 170]。轉速為 -3rad/sec(-:CW)。

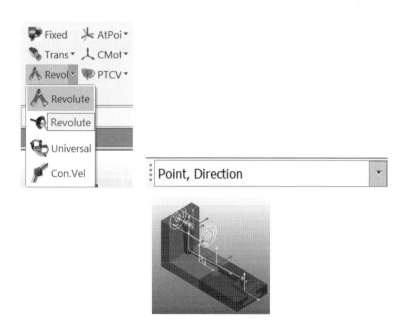

54. 點選 Spherical。

連接 Body : Link1 and Link2，Point1 [-60, 0, 30]。

連接 Body : Link2 and Link3，Point2 [290, 0, 50]。

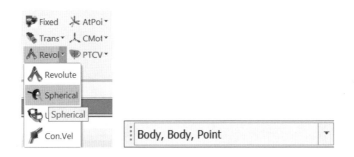

55. 點選 Translational，連接 Body : Link3 and Ground。

Point1 [300, 0, -20]，Point2 [400, 0, -20]。

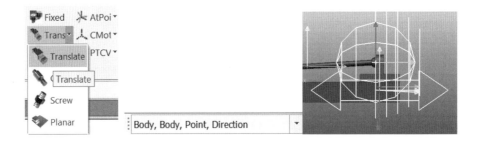

56. 修改 RevJoint1 參數，建立 Motion。

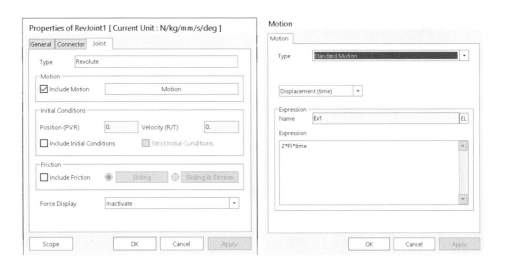

57. 進行結果計算，選擇 Analysis。

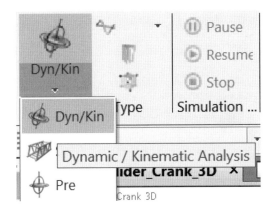

58. 設定結束時間與時間間距，還有一些所需要的計算設定。

Dynamic/Kinematic Analysis ×

| General | Parameter | Initial Condition |

End Time   5.   Pv

Step   100.   Pv

Plot Multiplier Step Factor   1.   Pv

☐ Output File Name

Include

☐ Static Analysis

☐ Eigenvalue Analysis

☐ State Matrix

☐ Frequency Response Analysis

☐ Hide RecurDyn during Simulation

☐ Display Animation

Gravity

X 0.   Y 0.   Z -9806.65   Gravity

Unit   Newton - Kilogram - Millimeter - Second

Simulate   OK   Cancel

59. 系統會提示需要儲存檔案，設定要儲存的位置與檔名。

60. 計算完畢後，進入以下畫面。

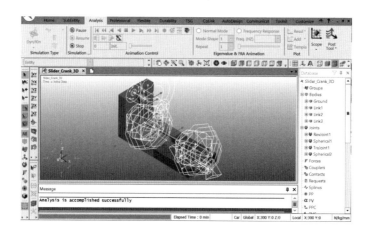

61. 可點選下面工具列來觀看結果的動畫。

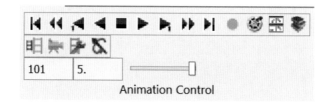

62. 可以從事後處理或結束分析工作。

3.3 單平面動平衡補償

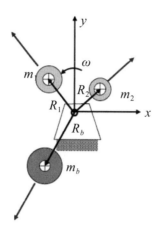

倘若已知 m_1 為 2kg，m_2 為 1kg，R_1 為 10 cm，R_2 為 8cm，$\theta_1 = 120°$，$\theta_2 = 45°$，試求配重 m_b，R_b 和 θ_b 使得轉軸可以維持平衡。

根據單平面動平衡理論解如下：

$$-m_1\mathbf{R}_1\omega^2 - m_2\mathbf{R}_2\omega^2 - m_b\mathbf{R}_b\omega^2 = 0$$

$$m_bR_{bx} = -(m_1R_{1x} + m_2R_{2x}) = 2 \cdot 10 \cdot \cos(120°) + 1 \cdot 8 \cdot \cos(45°) = -4.343$$

$$m_bR_{by} = -(m_1R_{1y} + m_2R_{2y}) = 2 \cdot 10 \cdot \sin(120°) + 1 \cdot 8 \cdot \sin(45°) = 22.977$$

$$\theta_b = \tan^{-1}\frac{m_bR_{by}}{m_bR_{bx}} = \tan^{-1}(\frac{-22.977}{+4.343}) = -79.3°$$

$$m_bR_b = \sqrt{(m_bR_{bx})^2 + (m_bR_{by})^2} = \sqrt{(-22.977)^2 + (4.343)^2} = 23.384\text{kg} - \text{cm}$$

1. 開啟 RecurDyn 軟體，設定成 MMKS 制，Force = Newton，Length = Millimeter，Time = Second，Gravity = –Y。

2. 使用 Ellipsoid 功能，建立第一顆圓球在 R_1 為 10 cm，$\theta_1 = 120°$ 上。

3. 在第一顆球上點選右鍵屬性編輯材料質量為 2kg。

4. 使用 Ellipsoid 功能，建立第二顆圓球在 R_2 爲 8cm，$\theta_2 = 45°$ 上。

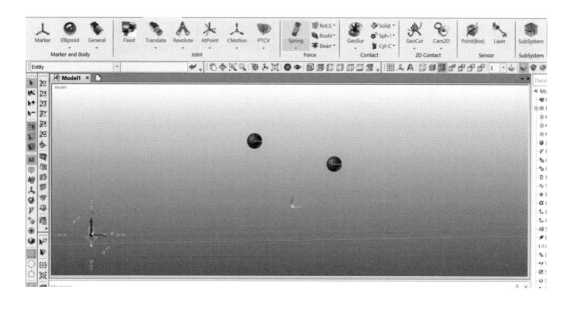

5. 在第一顆球上點選右鍵屬性編輯材料質量爲 1kg。

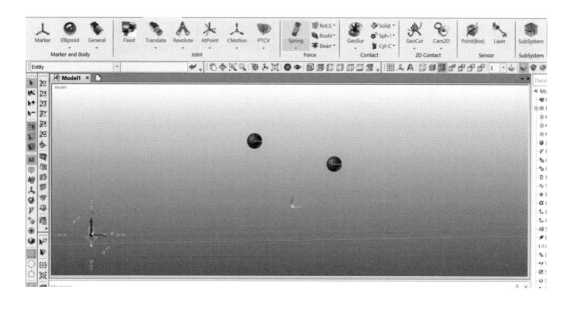

6. 使用 Ellipsoid 功能，建立理論解第三顆圓球在 R_3 為 10cm，$\theta_3 = -79.3°$ 上。

7. 在第三顆球上點選右鍵屬性編輯材料質量為 2.3384kg。

8. 使用 Fixed 接點來固定球一與球二，再固定球二與球三。

9. Revolute 旋轉接點，選擇地面與球一在（0,0,0）處設置接點。

10. 點選剛剛設定之 Revolute 右鍵屬性勾選 include Motion 功能。

11. 設定等角速度 1 rad/s。

12. 將重力反勾選取消。

13. 將其分析後，可以觀察到反作用力爲 0 N。

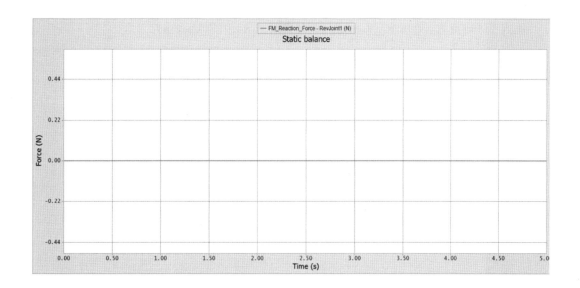

3.4 雙平面動平衡補償

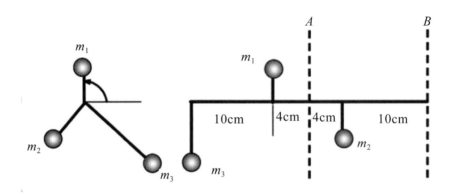

若 $m_1 = 9$ kg，$\theta_1 = 90°$，R_1 為 4 cm，$m_2 = 15$ kg，$\theta_2 = 225°$，R_2 為 6 cm 以及 $m_3 = 6$ kg，$\theta_3 = 315°$，R_3 為 10 cm。

$(m_b R_{bx}) = -(m_1 R_{1x} l_1 + m_2 R_{2x} l_2 + m_3 R_{3x} l_3) / l_b = 60.609 \text{(kg-cm)}°$

$(m_b R_{by}) = -(m_1 R_{1y} l_1 + m_2 R_{2y} l_2 + m_3 R_{3y} l_3) / l_b = -13.958 \text{(kg-cm)}$

$\theta_b = -12.968°$

$(m_b R_b) = 62.195 \text{(kg-cm)}$

$m_b = \dfrac{62.195}{4} = 15.548 \text{(kg)}$

$m_a R_{ax} = -(m_1 R_{1x} + m_2 R_{2x} + m_3 R_{3x} + m_b R_{bx}) = -39.395 \text{(kg-cm)}$

$m_a R_{ay} = -(m_1 R_{1y} + m_2 R_{2y} + m_3 R_{3y} + m_b R_{by}) = 84.023 \text{(kg-cm)}$

$\theta_a = 115.120°$

$(m_a R_a) = 92.799 \text{(kg-cm)}$

$m_a = \dfrac{92.799}{5} = 18.56 \text{(kg)}$

1. 開啓 RecurDyn 軟體，設定成 MMKS 制，Force ＝ Newton，Length ＝ Millimeter，Time ＝ Second，Gravity ＝ –Y。設定 m_1 ＝ 9(kg)，R_1 ＝ 4(cm)，與 X 軸夾 90° 往 +Z 軸移動 4(cm)。

2. 設定 m_2 ＝ 15(kg)，R_2 ＝ 6(cm)，與 X 軸夾 225° 往 -Z 軸移動 4(cm)。

3. 設定 $m_3 = 6$(kg)，$R_3 = 10$(cm)，與 X 軸夾 315° 往 +Z 軸移動 14(cm)。

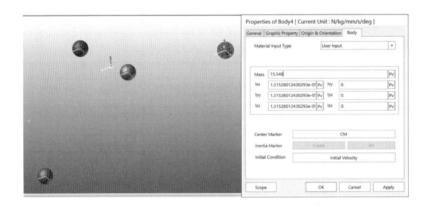

4. 設定 $m_b = 15.548$(kg)，$R_b = 4$(cm)，與 X 軸夾 −12.968° 往 −Z 軸移動 14(cm)。

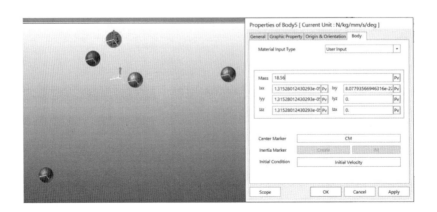

5. 設定 $m_a = 18.56$(kg)，$R_a = 5$(cm)，與 X 軸夾 115.120°。

6. 用 Fixed 功能互相固定質量球。

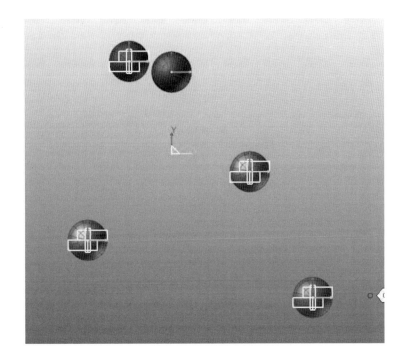

7. 設定角速度為 10(rad/s)，進行分析。

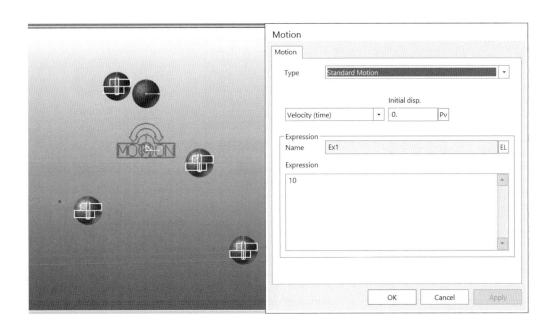

8. 觀察力與力矩皆為 0。

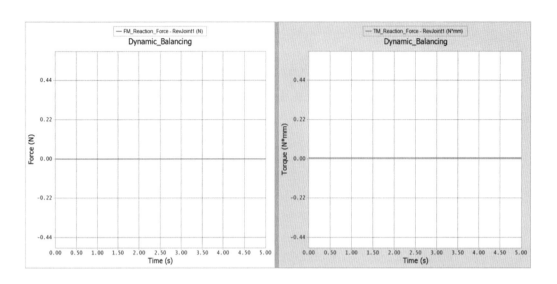

9. 在以上之兩個動平衡模擬仿真範例中，吾人簡化了連接軸與球之間的軸及連桿（假設為無質量與無實體）。

第 4 章

機構運動與動力分析中的接觸碰撞問題

　　機構運動與動力分析問題中想要遇不到接觸碰撞問題是絕對不可能的，因為許多機構上的設計就是利用物體間的接觸關係而產生移動上拘束，例如門鎖結構，利用鎖蕊去帶動連桿機構，完成開啓或關閉動作。其他如電路開關器主要功能是當電流過載時，必須根據不同過載情況下，在指定時間內完成跳脫，對於設計工程師而言，必須考慮的因素有機構內之彈簧選定及支點位置布置、爪撐板與支架的接觸以及其他零件間的接觸分析，一個典型的電路開關器機構運動分析大約有 25 個接觸力，這些接觸介面往往都是複雜曲面，同時也必須考慮靜、動摩擦力的影響，特別像電路關關器的作用時間是以微秒（ms）長度計算，因此對每一個接觸問題必須仔細定義，才能精準預測跳脫時間和跳脫力的大小。一旦機構分析遇到碰撞問題會有兩種狀況發生，第一種是不支援自由曲面的碰撞接觸定義，換言之接觸分析能力不夠。第二種是計算時間很久，不同碰撞接觸演算法其效能也有所不同，同時也必須將動力學公式法一併考量，才能眞正決定計算總體效能。特別要再強調動力學公式法在機構運動分析效能是最重要的因素，它是將所有物件邊界條件設計轉爲可數值解析的重要核心，就像汽車的引擎和人體的心臟。實務上接觸碰撞分析需要的碰撞接觸形式有 [28]：

1. 實體對實體（Solid to Solid）

　　實體對實體間三維接觸自動建立是非常令人興奮的功能，只要指定兩個幾何體是接觸關係即可。但是這種定義方式不利於複雜幾何實體，因爲會花費大量搜尋碰撞面時間；同時，假如實體具有不良且複雜的曲面時，很容易判斷錯誤甚至無法求解，例如凸輪的溝槽設計或者螺栓與螺帽的設計。

2. 實體對曲面（Solid to Surface）

　　可以直接判斷出實體接觸曲面，直接定義出接觸面，可以加速分析效能，簡單幾何仍然可以用實體方式直接定義。

3. 曲面對曲面（Surface to Surface 或 Extended Surface to Surface）

　　對於複雜幾何間的接觸問題，定義出有效接觸曲面是符合常理需要。同時，可以不考慮幾何是否有缺陷的因素。針對問題定義出最小的接觸曲面，計算效能絕對可以明顯提升。充分定義有效接觸曲面，去除不必且無效的接觸曲面計

算，可以大幅縮短計算時間。

4. 曲線對曲線（Curve to Curve）

可以直接應用對稱幾何的接觸分析，或是接面接觸的邊緣對邊緣，可以用於快速分析需求或是平面機構分析上。

5. 標準幾何接觸（Standard Contact）

實務上有些零件是規則幾何，例如鋼珠（球）、管壁（圓柱和環形柱）、壁（方塊）。例如彈珠臺機構分析，許多零件都是鋼珠和壁所構成，利用標準幾何間的接觸設定，除了簡化定義流程外，更可以加速分析效能和準確度。因為這些標準物件間的幾何接觸模式是連續的，而非離散。像實體、曲面和曲線均為離散幾何。

6. 凸輪接觸（Cam Contact）

大體上機構內部都有簡單凸輪機構，除了可以使用三維方式定義以外，也可以使用凸輪接觸方式定義，使用凸輪接觸最大意義在於接觸介面會自動以較密的點構成曲線，能夠滿足高精度接觸問題，且速度也不至於太慢。同時，由於曲線的連續性較佳，分析結果也比較平順。凸輪接觸力與一般接觸力對分析解具有一定的差異性，使用凸輪接觸力所得到的分析解不會發生不正常的高低震盪。

7. 紙片接觸（Sheet Contact）

紙片接觸是較為特殊的介質，因為紙片結構非常柔軟而且自由度極高。對於分析來說都是一項艱鉅工作，同時分析計算時間比起一般機構分析來說是較久的。一張紙片所需要的基本參數，包含彈性係數（Young's Modulus）、普松比（Poisson's Ratio）、密度（Density）、厚度（Thickness）和阻尼率（Damping Ratio）。理想的紙張更可以定義為非等向性材質，換言之，額外地具有 Ey、Ez、Pxz 和剪模數 Exz。一言以蔽之，必須將紙張離散化成為有限單元，網格數目越多，對於紙張的柔性更能表現出來，但是需要更多計算時間和記憶體容量。網格化後的每個元素／節點都必須跟各式滾輪（組）、導向板等建立接觸力，如此紙張才能被牽引移動。一個基本進紙機構模型可以分析由於板型的尺寸、重量

和剛度的不同所引起的潛在擾動，包括因爲惡劣溫度和溼度環境所引起的板材特性變化、由於未對準驅動滾軸所引起的板材間的速度差、以及因爲元件之間隙磨損所導致的滾軸速度差等。

8.特殊元件接觸（Special Components Contact）

特殊元件包括輪胎、鏈條、皮帶和履帶等元件。這些元件因爲其模型不是自由度過大或者重複元件過多，就是運動中同時與其他物體間不斷進行接觸撞擊。這些已經不是一般機構運動分析範疇，而是必須引進特殊的處理程序和演算法，才能夠有效率的完成一次分析。

4.1 實體對實體（Solid to Solid）接觸碰撞

在本範例中，吾人模擬仿眞一顆圓球掉落在一塊斜板上之接觸碰撞問題。

1. 開啓 RecurDyn 軟體，設定單位 MMKS，重力方向 -Z。

2. 開始繪製零件

Body1：點選 Box 建構 Body1 的位置 Origin（0 ,0 ,0），Width = 2000, Height = 100, Depth = 1000，Angle1 = −30。

3. 設定固定接點。

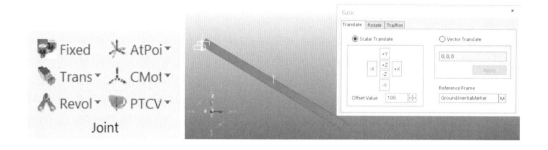

4. 繪製零件。

Body2：點選 Ellipsoid 建構 Body2 的位置 origin (0, 1000, 1000)，Radius = 100

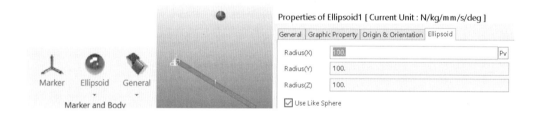

5. 設定碰撞。

點選 Contact Sphere To Box 連接 Body1 和 Body2。

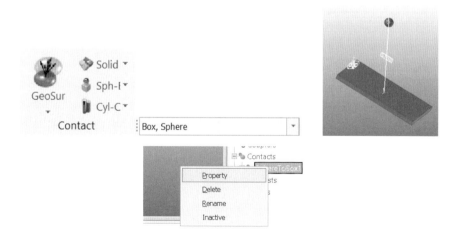

6. 修改成所需要的數據，設定 Spring Coefficient = 1000，Damping Coefficient = 1，Friction Coefficient = 0.03。

7. 進行結果分析，使用 Analysis 。

8. 系統會提示需要儲存檔案，設定要儲存的位置與檔名。

9. 求解計算完畢，訊息列會出現此訊息。

```
Analysis Time Information
    Starting Time/Date    = 12:36:42 / 2017.9.17
    Ending Time/Date      = 12:36:43 / 2017.9.17
    CPU Time = 0.35 Second (0 hr. 0 min 0.35 sec.)

Analysis is accomplished successfully
```

10. 點選下面工具列，觀看結果的動畫。

4.2 實體對曲面（Solid to Surface）接觸碰撞

在本範例中，吾人模擬仿真三顆圓球沿著一曲面上之互相碰撞接觸問題。

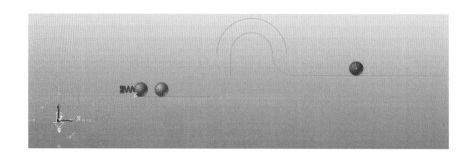

1. 開啟 RecurDyn 軟體，進入起始畫面。

2. 輸入想要的檔名並且選擇單位（MMKS）和重力單位（-Y）。

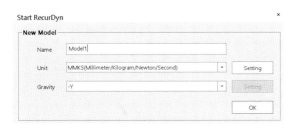

3. 選擇 Ground 進入編輯模式。

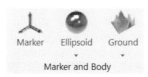

4. 進入後選取 Curve and surface 中的 Outline 繪製線段。

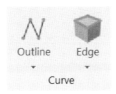

5. 將繪圖平面設定在 XY 平面上。

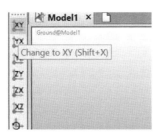

6. 依照所給定第一條線的座標繪製出線段，第一點為（0,0,0），第二點為
　　（1100,0,0）。

7. 選完第二點後按右鍵，在出現的功能表中選取 Finish Operation 結束線段繪製。

8. 依照所給的座標，依序繪製出其他兩個線段。

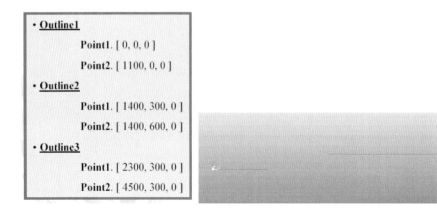

9. 選取快捷功能表中的其他功能按鈕，就可以切換繪圖環境。

10. 選取 Arc 的圖形，依照所給的座標繪製弧，圓心座標（1100,300,0），半徑座標（1400,300,0），選完兩點後所出現的箭頭指向 -Y 方向，最後再點選所要連接的線段端點。

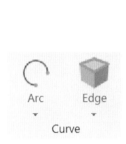

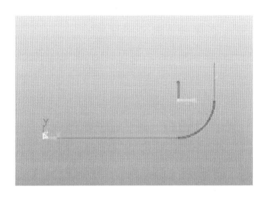

11. 點選 Arc 繪製弧，圓心座標（1700,600,0），半徑座標（1400,600,0），所指箭頭向上，當游標出現 180，按左鍵確定即完成所需的半圓路徑。

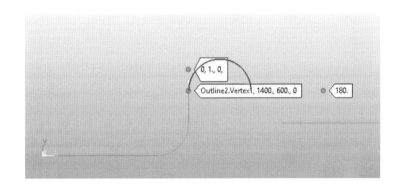

12. 依照上述步驟再繪製一個半圓弧，圓心座標（1700,600,0），半徑座標（1200,600,0），箭頭方向朝上。

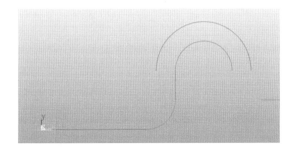

13. 選取 Arc 繪製最後一個圓弧，圓心座標（2300,600,0），半徑座標
（2000,600,0），所指箭頭向下，完成所需之圓弧路徑。

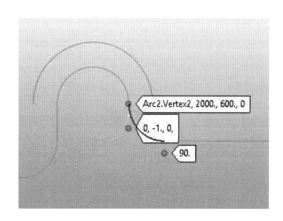

14. 完成後的路徑如下圖。

15. 按右鍵選取 Exit 離開 Ground 編輯模式。

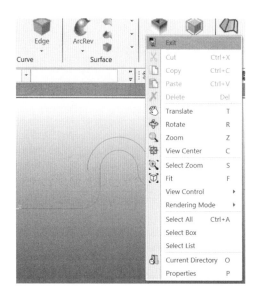

16. 選取 Body 中的 Ellipsoid 畫球指令，第一顆圓心座標為（100,100,0），半徑為 100mm。

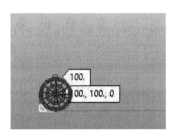

17. 依照所給的座標，依序繪製出另外兩個圓球（每繪製一個後，必須再點選一次 Ellipsoid 指令），第二顆球心座標為（400,100,0），第三顆球心座標為（3200,400,0），半徑皆為 100mm。

18. 按住 Ctrl 鍵選取三顆球，選取完畢後，按右鍵在功能表中選取 Properties。

19. 選擇 Body → Material Input Type → User Input，設定 Mass 為 1.0kg。

20. 選擇 Force→Spring，第一點座標（-200,100,0），第二點座標（100,100,0）。

 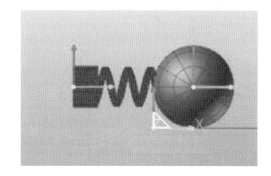

21. 修改彈簧參數。

Properties of Spring1 [Current Unit : N/kg/mm/s/deg]

| General | Connector | Spring | Graphic |

Stiffness Coefficient	▼	100.	Pv
Damping Coefficient	▼	1.	Pv
☐ Stiffness Exponent		1.	
☐ Damping Exponent		1.	
Free Length		300.	Pv
Pre Load		0.	Pv
Distance between Two Markers		300.	R
Force Display		Inactivate	▼

| Scope | | OK | Cancel | Apply |

22. 修改成所需要的數據。

Properties of Spring1 [Current Unit : N/kg/mm/s/deg]

| General | Connector | Spring | Graphic |

Stiffness Coefficient	▾	10	Pv
Damping Coefficient	▾	0.05	Pv
☐ Stiffness Exponent		1.	
☐ Damping Exponent		1.	
Free Length		450	Pv
Pre Load		0.	Pv
Distance between Two Markers		300.	R
Force Display		Inactivate	▾

| Scope | | OK | Cancel | Apply |

23. 選取 Contact → Sphere to Sphere，選取第一顆跟第二顆球。

24. 修改 Contact 參數。

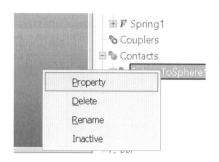

25. 修改成所需要的數據,設定 Spring Coefficient:100N/mm,Damping Coefficient: 0.2N.sec/mm,Friction Coefficient: 0.03。

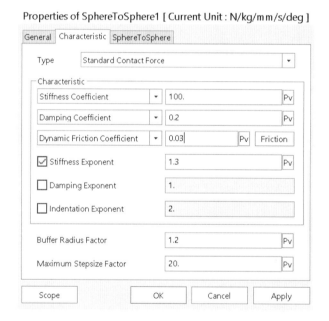

26. 選取 Contact → Sphere to Sphere,選取第二顆跟第三顆球。

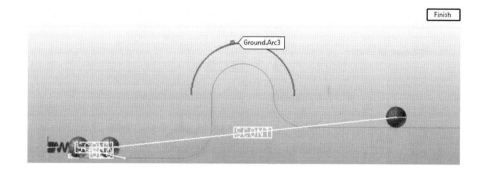

27. 修改成所需要的數據，設定 Spring Coefficient：100N/mm，Damping Coefficient: 0.2N·sec/mm，Friction Coefficient: 0.03。

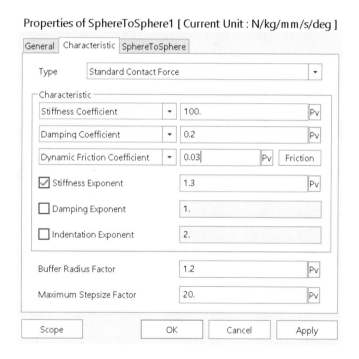

28. 選取 Contact → Circle to Curve。

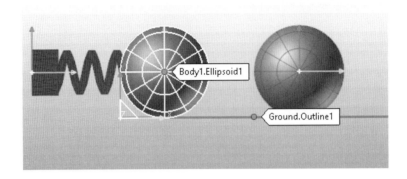

29. 修改 Contact 參數。

30. 修改成所需要的數據，設定 Spring Coefficient：100N/mm，Damping Coefficient: 0.2N · sec/mm，Friction Coefficient: 0.03。

Properties of SphereToSphere1 [Current Unit : N/kg/mm/s/deg]

| General | Characteristic | SphereToSphere |

Type   Standard Contact Force

Characteristic

Stiffness Coefficient	▼	100.	Pv
Damping Coefficient	▼	0.2	Pv
Dynamic Friction Coefficient	▼	0.03	Pv	Friction
☑ Stiffness Exponent		1.3	Pv
☐ Damping Exponent		1.	
☐ Indentation Exponent		2.	

| Buffer Radius Factor | 1.2 | Pv |
| Maximum Stepsize Factor | 20. | Pv |

| Scope | | OK | Cancel | Apply |

31. 選取 Contact → Circle to Curve。

32. 選取線，點選 Finish、選取球，再點選 Finish。

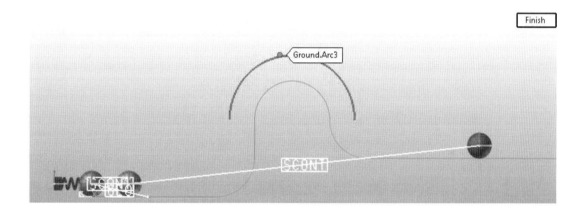

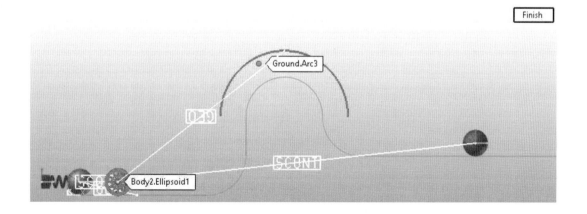

33. 選取線，點選 Finish、選取球，再點選 Finish。

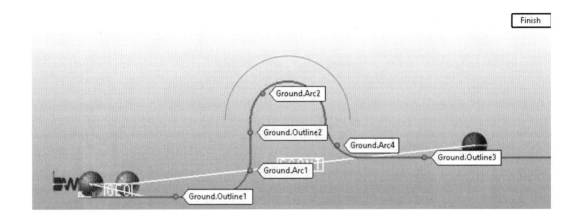

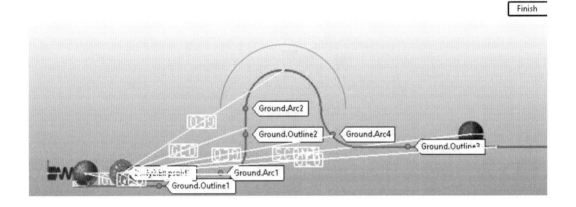

34. 選取 Contact → Circle to Curve。

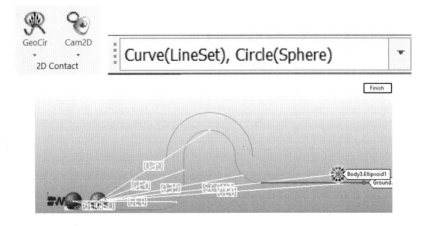

35. 修改 Contact 參數。

36. 修改成所需要的數據，設定 Spring Coefficient：100N/mm，Damping Coefficient: 0.2N‧sec/mm，Friction Coefficient: 0.03。

Properties of SphereToSphere1 [Current Unit : N/kg/mm/s/deg]

General | Characteristic | SphereToSphere

Type	Standard Contact Force ▾

Characteristic

Stiffness Coefficient ▾	100.	Pv
Damping Coefficient ▾	0.2	Pv
Dynamic Friction Coefficient ▾	0.03	Pv | Friction
☑ Stiffness Exponent	1.3	Pv
☐ Damping Exponent	1.	
☐ Indentation Exponent	2.	

Buffer Radius Factor	1.2	Pv
Maximum Stepsize Factor	20.	Pv

Scope	OK	Cancel	Apply

37. 選取下面四條圓弧的 Contacts。

38. 修改 Base Curve Segment 內的 curve segment 參數爲 20。

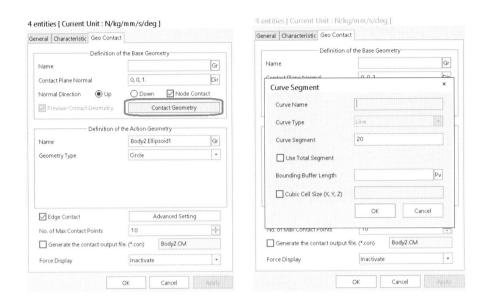

39. 進行結果計算，選擇 Analysis 。

40. 設定結束時間爲 2.5，時間間距爲 250，還有一些所需要的計算設定。

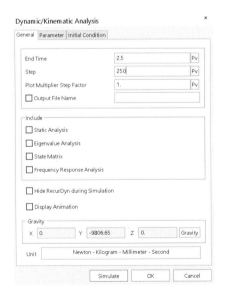

41. 系統會提示需要儲存檔案，設定要儲存的位置與檔名。

42. 計算完畢後，進入下面畫面。

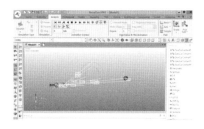

43. 可以從事後處理或結束分析。

4.3 齒輪或凸輪接觸碰撞

　　在本範例中，吾人模擬仿真兩個速比為 2：1 正齒輪之接觸碰撞問題，請注意在 RecurDyn 軟體工具箱中之齒輪模組是為 ISO 制，如果要分析模擬仿真其他如 CNS 制、GB 制或 JIS 制等各類齒輪，可以運用其他 CAD 軟體之相關規格齒輪模組來繪製，然後組裝齒輪系統，再 Import 至 RecurDyn 軟體從事進階之 CAE 分析工作。

1. 操作過程。

點選 Subsystem/Gear　　　　　　　　點選 Spur（正齒輪）

2. 在圖面上（0,0,0）位置繪製一齒輪齒數為 24，在圖面上（100,0,0）位置繪製一齒輪齒數為 48（齒數比為 2：1，其餘參數皆為預設值），選右方大齒輪，再按 往 -X 方向平移 28mm。如下圖所示。

平移後 =>
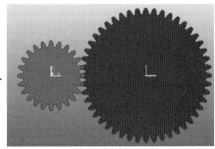

3. 點選 Assembly Assembly ，點選所繪製的兩齒輪，會出現以下頁面，再按 "Auto Engagement"，以調整齒輪干涉現象。

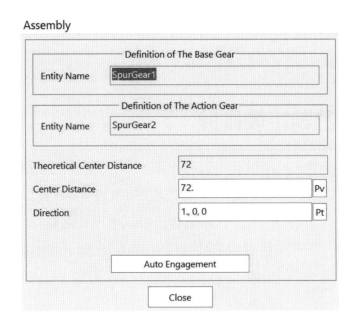

4. Theoretical Center Distance 代表兩齒輪間的最佳距離，Center Distance 代表目前實際的兩齒輪間的距離（使用者也可以自行設定之）。

5. 點選 Contact 之 Solid ，再分別選取兩個齒輪（先後順序無關），以設定齒輪接觸。

6. 分別點選左右齒輪（個別設定之），再點選 Joint → Revolute。

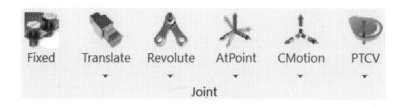

7. 完成鎖定兩齒輪的相關條件，並給予其中一個 Revolute 之 Motion 所需要的轉
　速，再按 Analysis 鍵，然後從事後處理動畫模擬仿真之，如下圖所示。

4.4 皮帶與皮帶輪接觸碰撞

在本範例中，吾人模擬仿真兩個皮帶輪以皮帶連接之接觸碰撞問題。

1. 開啓 RecurDyn。可以設定力量（Force）、質量（Mass）、長度（Length）、時間（Time）、重力（Gravity）等單位（預設爲 MMKS 制），若非特殊需要，則直接點選 OK 即可以進入操作介面。

2. 點選畫面左邊工具列中的 Subsystem，工具列會拉開一列，點選其中的 Belt，如圖箭頭所示位置。

3. 進入 Belt1@Model 模式，於主畫面左上角會顯示字型表示，點選 Ribbed V Pulley → Dimension Information 可依照說明，將所量的尺寸塡入視窗內容中 → OK。

Properties of RibbedVPulley1 [Current Unit : N/kg/mm/s/deg]

General	Graphic Property	Origin & Orientation
Body	Contact Properties	Characteristic

Inner Radius (Ri)	74.	Pv
Radius (R)	82.	Pv
Outer Radius (Ro)	90.	Pv
Width (W)	12.	Pv
Angle (A)	64.	Pv
Pitch (Pb)	15.	Pv
Number of Groove	2	
Pulley Width (Wp)	30.	
Assembled Radius	74.	Pv

Dimension Information

◯ Full Search
⦿ Partial Search   ☐ User Boundary   164.

OK   Cancel   Apply

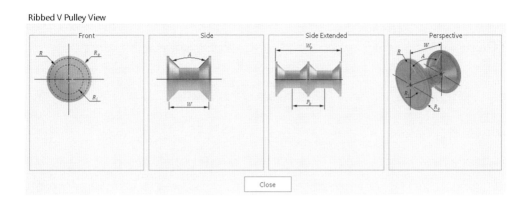

4. 再點選 Ribbed V Pulley，同樣依照說明，將所量的尺寸填入下圖→ OK。

皮帶輪參數：Inner Radius（內圈半徑）= 99，Radius（半徑）= 107，Outer Radius（外半徑）= 115，Width（寬度）= 12，Angle（角度）= 64，Pitch（螺距）= 15，Number of Groove（凹槽數目）= 2，Pulley Width（滑輪寬度）= 30，Assembled Radius（組合半徑）= 107。

5. 進入 Origin & Orientation（原點和方向）的設定部分，將原點設定在 324,60,0 → OK。

6. 按 OK 鍵後則會產生下圖。

7. 點選下左圖中的 Roller（滾筒）→可以如下右圖畫出兩個小滾筒。

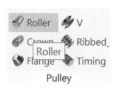 

8. 點選 Rubbed V Belt (V 形皮帶) 出現下列表單→ Dimension Information，依照說明將所量的尺寸填入下圖→確定。

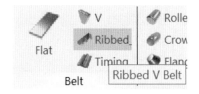

Properties of RibbedVBelt1 [Current Unit : N/kg/mm/s/deg]

General	Graphic Property	Origin & Orientation
Body	Characteristic	Contact Node

Height (H)	4	Pv
Belt Thickness (Ht)	6.	Pv
Rib Height (Hr)	12.	Pv
Width (W)	12.	Pv
Angle (A)	64.	Pv
Pitch (Pb)	15.	Pv
Number of Peak	2	
Rib Width (Wr)	30.	
Segment Length (L)	20.	Pv
Cord Distance (a)	3.	Pv
Left Connecting Position	-10.3	
Right Connecting Position	10.3	

Dimension Information

Scope		OK	Cancel	Apply

Height 高度 = 4，Belt Thickness 皮帶厚度 = 6，Rid Height 高度 = 12，Width 寬度 = 12，Angle 角度 = 64，Pitch 螺距 = 15，Number of Peak 數目 = 2，Rid Width 寬度 = 30，Segment Length 瓣長 = 20，Cord Distance 線長 = 3，Left Connecting Position = -10.3，Right Connecting Position = 10.3。

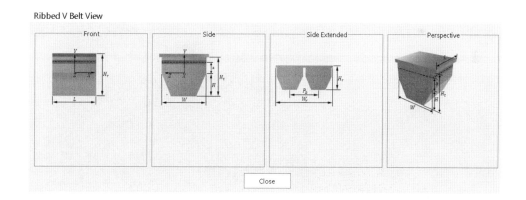

Ribbed V Belt View

9. 再點選 Assembly（組裝配）（如下圖）→將四個物件連接起來（主要是以兩個皮帶輪作爲皮帶的傳動，滾筒是爲了防止皮帶鬆弛）。

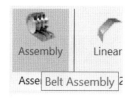

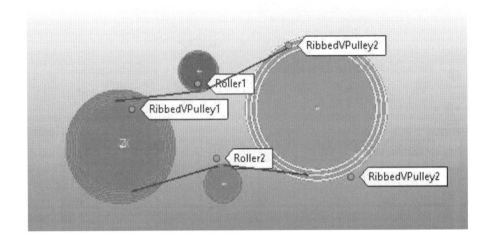

10. 電腦會自行運算所需的段數（如圖所示左下方的 64，即為 64 段）。

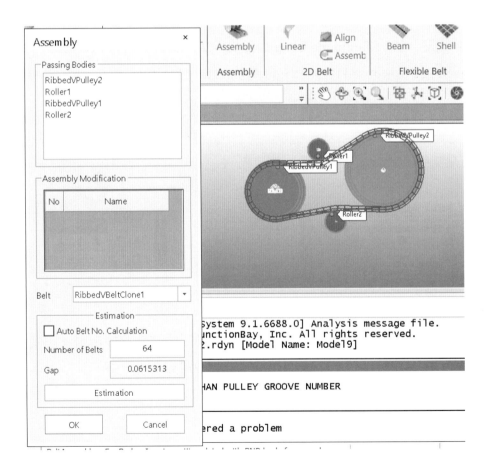

11. 點選 Joint → Revolute（旋轉接點）→然後在兩個皮帶輪中心的位置加上 Joint（接點）。

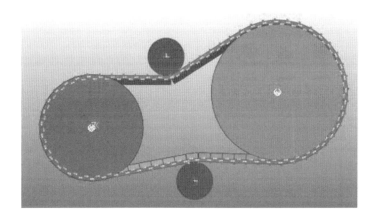

12. 點選 Translational →選上下兩個滾輪的中心（如圖所示，目的是爲了不讓小滾筒滾動）。

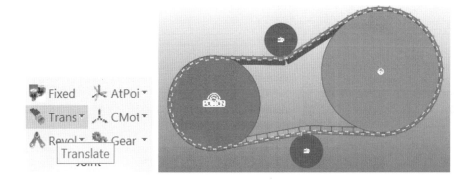

13. 對左邊的接點按滑鼠右鍵→選 Properties（進入內容設定）。

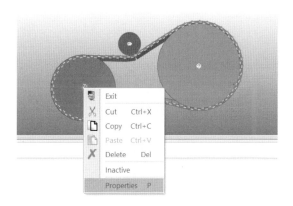

14. 進入如圖所示的畫面，按 Joint →勾選 Include Motion →點選 Motion。

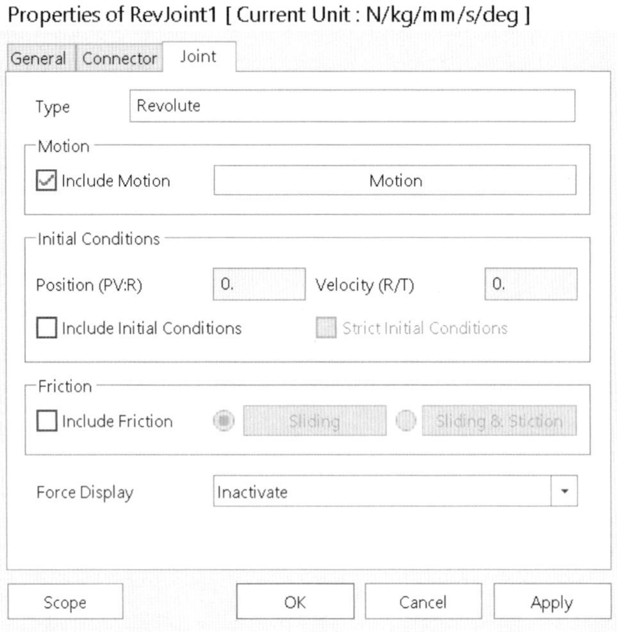

Properties of RevJoint1 [Current Unit : N/kg/mm/s/deg]

General	Connector	Joint

Type   Revolute

Motion
- [✓] Include Motion   Motion

Initial Conditions

Position (PV:R)   0.   Velocity (R/T)   0.

- [ ] Include Initial Conditions   [ ] Strict Initial Conditions

Friction

- [ ] Include Friction   (●) Sliding   (○) Sliding & Stiction

Force Display   Inactivate   ▼

Scope		OK	Cancel	Apply

15. 選 Velocity(time) →按下 EL 進入下圖設定接點轉速。

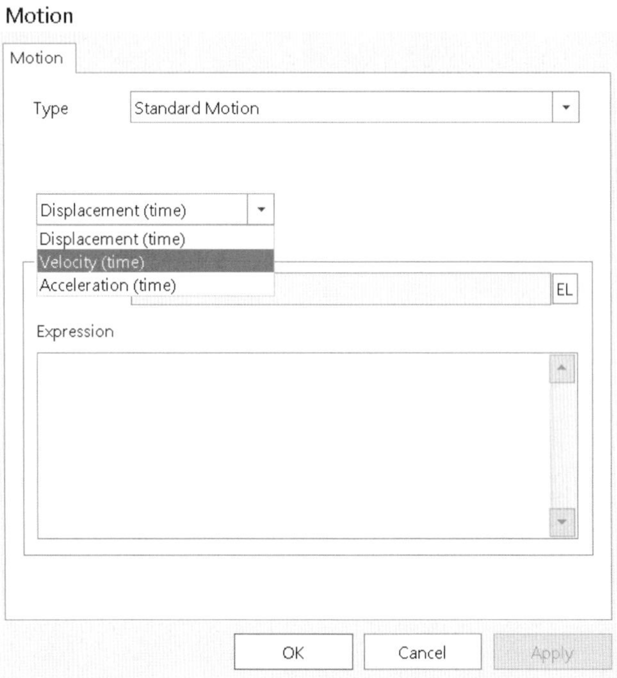

Motion

Motion

Type   Standard Motion   ▼

Displacement (time)   ▼
Displacement (time)
Velocity (time)
Acceleration (time)
                                     EL

Expression

OK	Cancel	Apply

16. 輸入 10 → OK。

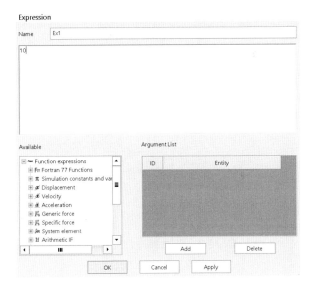

17. 選 Analysis（分析）→ Dynamic/Kinematic（動力學／運動學） 。

18. 設定終止時間與模擬仿真分析步階數目。

19. 輸出模擬仿真動畫。

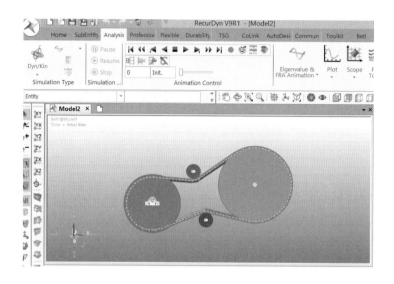

4.5 鏈條與鏈輪接觸碰撞

在本範例中，吾人模擬仿真兩個鏈輪以鏈條連接之接觸碰撞問題。

1. 開啓一個新檔案並給予檔案名稱（如 Chain.rdyn）。
2. 點取左方功能表 Subsystem 的 Chain，進入繪出鏈輪的系統。

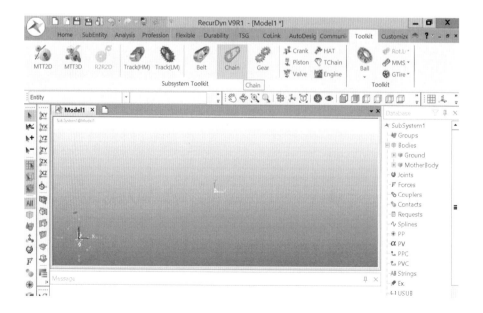

3. 點取左方功能表 Chain 中的 Sprocket 繪出鏈輪。

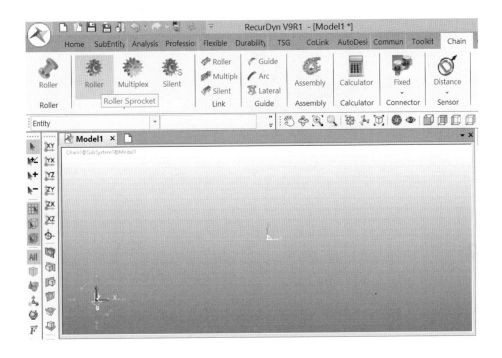

4. 輸入數據給電腦繪出鏈輪。

鏈輪計算公式請參考： http://www.chc-transmission.com.tw/p48.htm。

5. 在鏈輪上點滑鼠右鍵按 Copy，複製一個鏈輪，在空白處按滑鼠右鍵按 Paste，
將剛剛複製的鏈輪貼上。

6. 在複製的鏈輪上點滑鼠右鍵選取 Properties，進入更改鏈輪數據。

7. 選取 Origin & Orientation 的 Origin 將原數值 0,0,0 改為 650,100,0，因為剛才複製後貼上的鏈輪會自動產生在原物體的右下方，距離原物體中心點 100,-100,0 的地方，使複製體距離原物體 750,0,0 必須在 Origin 輸入 650,100,0。

8. 點取左方功能表 Chain 中的 Chain Link，點擊環繞兩鏈輪繪出鏈條。

9. 輸入數據給電腦自動繪出鏈條。

鏈條計算公式請參考：http://www.chc-transmission.com.tw/p3.htm。

10. 點取左方功能表 Chain 中的 Chain Assembly 產生鏈條環繞兩鏈輪。

11. 點取左鏈輪下方，再點取右鏈輪下方，然後點取左鏈輪上方，如此完成環繞鏈輪程序，電腦自動計算需要幾個鏈條，此例為 45 個（個數由左右錬輪之距離決定之）。

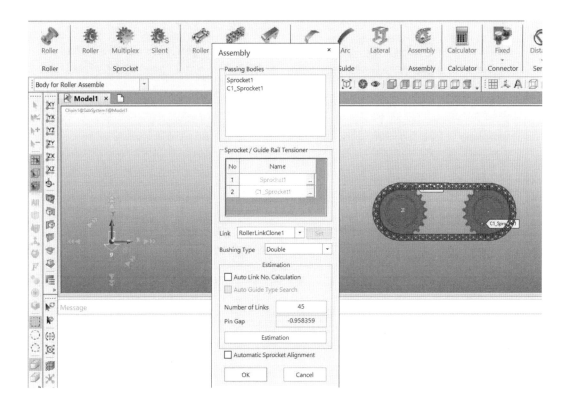

12. 點取左方功能表 Joint 中的 Revolute ，分別點在兩個鏈輪的中心點固定之。

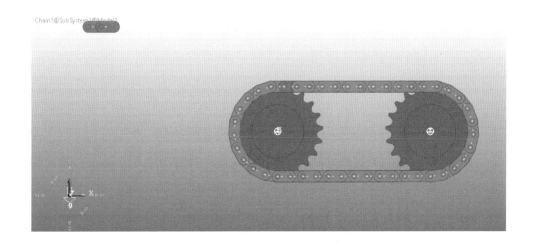

13. 在其中一個鏈輪的 Revolute 上按滑鼠右鍵選取 Properties 進入更改。

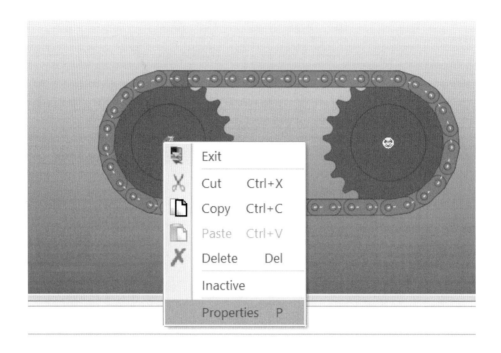

14. 選取 Joint 並將 Include Motion 打勾，再按旁邊的 Motion。

15. 進入 Motion 將下拉式功能表選擇爲 Velocity（time），再按 EL 進入 Create 一個角速度。

Motion

Motion

Type　　　Standard Motion

Initial disp.

Velocity (time)　　0.0　　Pv

Expression
Name　　　　　　　　　　　EL

Expression

[OK]　[Cancel]　[Apply]

16. 於空白處輸入 10 再按 OK。

Motion

Motion

Type　　　Standard Motion

Initial disp.

Velocity (time)　　0.0　　Pv

Expression
Name　　Ex1　　　　　　　EL

Expression

10

[OK]　[Cancel]　[Apply]

17. 選取上方功能表 Analysis 中的 Dynamic/Kinematic 準備進行分析。

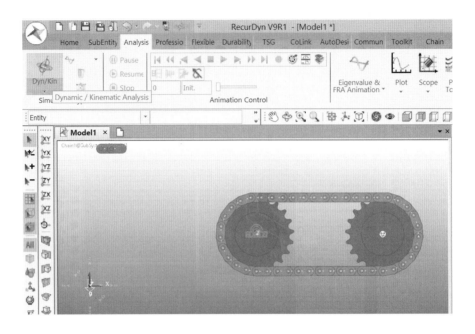

18. 將 End Time 改成 2，再將 Step 改成 1000，然後按下 Simulate 存檔後進行分析。

19. 按下上方 Play/Pause 進行模擬仿真。

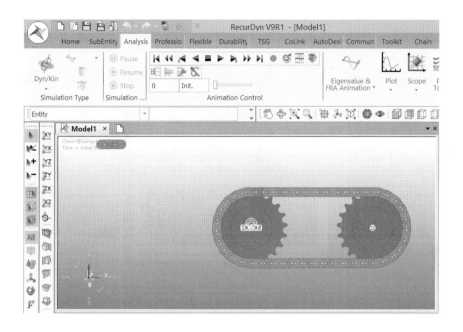

20. 可以從事後處理或結束分析。

4.6 球在管路中接觸碰撞

在本範例中，吾人模擬仿真兩個球在管路中滾動之接觸碰撞問題。

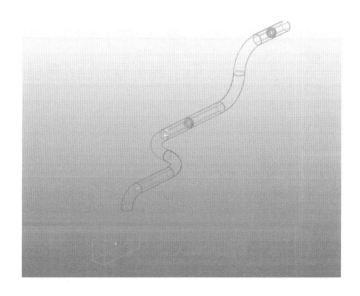

1. 啓動 RecurDyn 軟體，進入開始畫面。
2. 選擇所要的檔名、單位（MMKS）與重力方向（-Y）。
3. 開始繪圖，選擇 General 爲繪圖的零件。

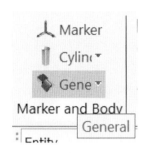

4. 點選 Cylnder。

繪製 Cylinder1：

Point1: [0, 0, 0]，Point2: [1600, 0, 0]，Radius: 100。

繪製 Cylinder2：

Point1: [2600, 1000, 0]，Point2: [3400, 1000, 0]，Radius: 100。

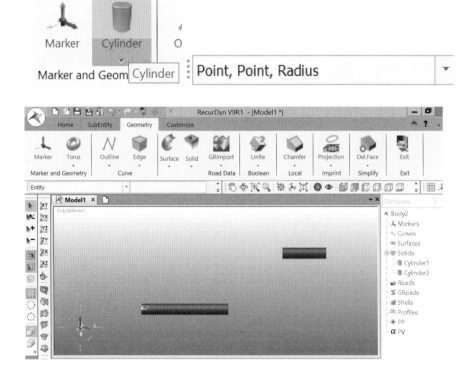

5. 點選 Torus。

繪製 Torus1：Point1: [1600, 500, 0]，Point2: [1600, 0, 0]，Direction

Angle: 90°，Radius: 100。

繪製 Torus2：Point1: [2600, 500, 0]，Point2: [2600, 1000, 0]，Direction

Angle: 90°，Radius: 100。

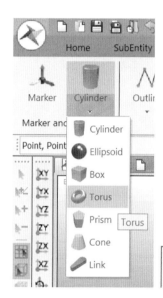

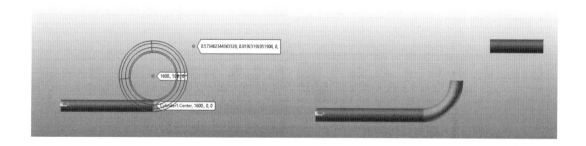

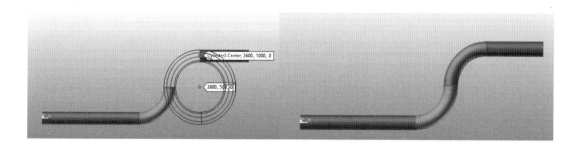

6. 更換平面到 ZX 平面。

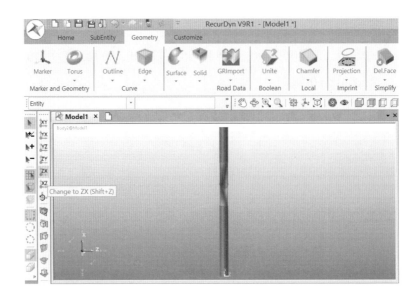

7. 點選 Torus。

　　繪製 Torus3：Point1: [0, 0, 600]，Point2: [0, 0, 0]，Direction

　　Angle: 90°，Radius: 100。

　　繪製 Torus4：Point1: [-1100, 0, 600]，Point2: [-1100, 0, 1100]，Direction

　　Angle: 90°，Radius: 100。

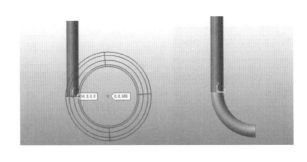

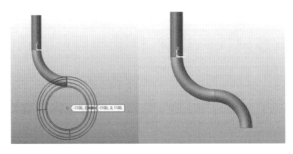

8. 點選 Cylnder 繪製 Cylinder3。

　　Point1: [-1100, 0, 1100]，Point2: [-2000, 0, 1100]，Radius: 100。

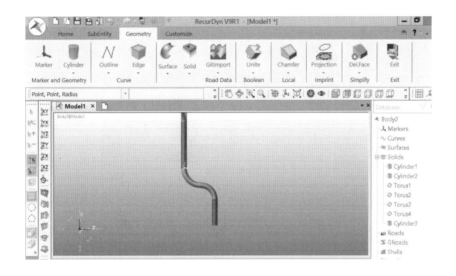

9. 建立一個新的 Marker，在 Point: [-2000, 0, 1100]。

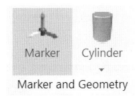

10. 轉換到 Marker1 的 YZ 平面。

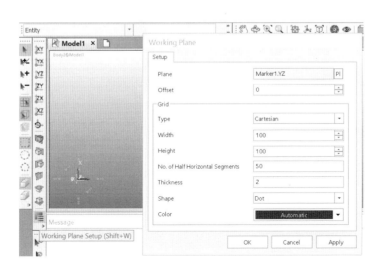

11. 點選 Torus。

　　繪製 Torus5：Point1: [-2000, -300, 1100]，Point2: [-2000, 0, 1100]，
　　Direction。

　　Angle: 90°，Radius: 100。

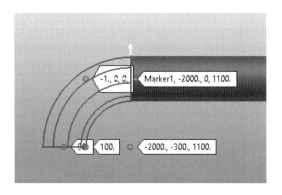

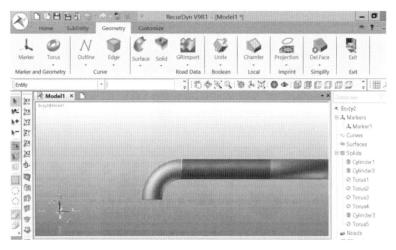

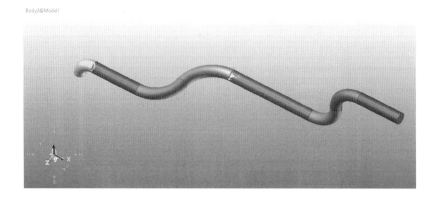

12. 選擇 Exit，離開編輯修改畫面。

Exit

Exit

13. 更換平面到 XY 平面。

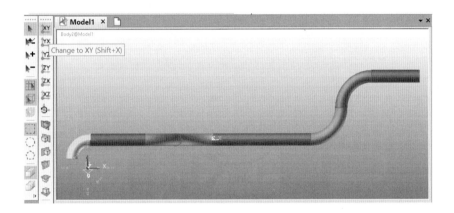

14. 點選 Ellipsoid。

繪製 Ellipsoid1 body：Point1: [3000, 1000, 0]，Radius: 90。

繪製 Ellipsoid2 body：Point1: [700, 0, 0]，Radius: 90。

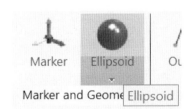

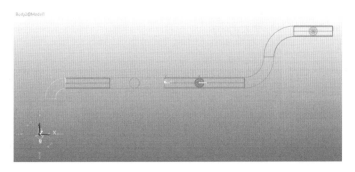

15. 將 Body2 和 Body3 更名為 Ball1 和 Ball2，並更改 Mass: 10kg，Mass Moment of Inertia (Ixx, Iyy, Izz): 70000。

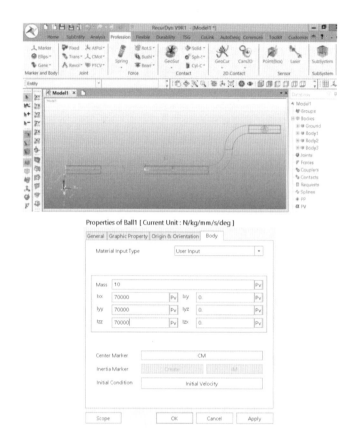

16. 對 Ball1 設定初始速度，選擇 Initial Condition － Initial Velocity。
17. 進入 Initial Velocity 畫面，設定速度的大小（-2000）與作用軸（X）。

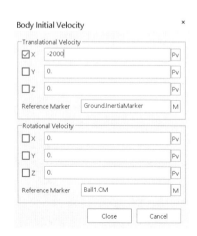

18. 轉換到 Marker1 的 YZ 平面。

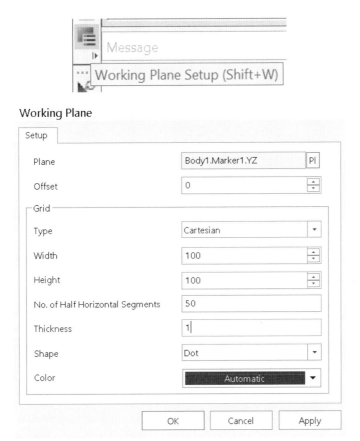

19. 點選 Box 繪製 Box body。

Point1: [-3100, -700, 1100]，Point2: [-2100, -1100, 1100]，Depth: 300。

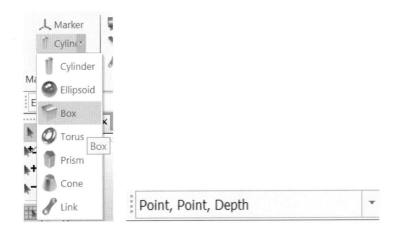

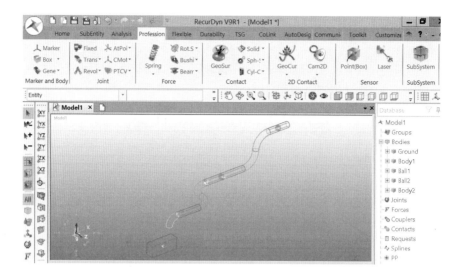

20. 選擇邊界條件，使用 Revolute（銷接點）。

21. 選擇要建立邊界條件的位置，Point: [-2600 , -900 , 1100]。

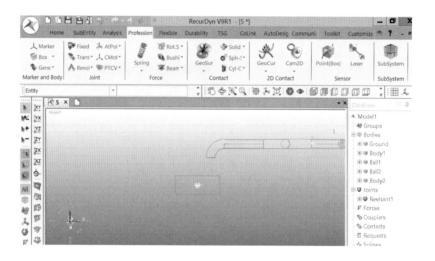

22. 點選 Rotational Spring，建立在 RevJoint1。

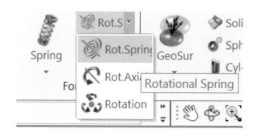

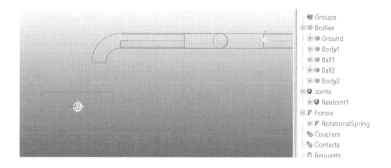

23. 點選 Sphere In Cylinder，建立接觸條件。

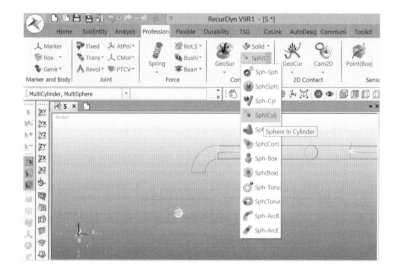

24. 選取線，點選 Finish，再選取球，再點選 Finish。

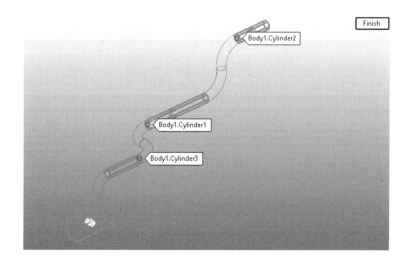

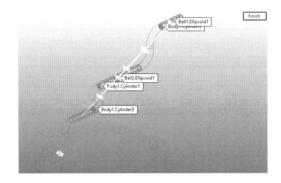

24. 修改 SphereInCylinder1 到 SphereInCylinder6，勾選 Open Face 的 Start Face 和 End Face。

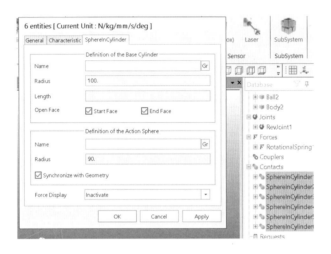

25. 點選 Sphere In Torus。

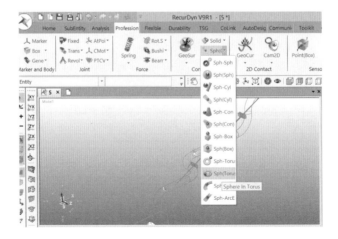

26. 選取線，點選 Finish，再選取球，再點選 Finish。

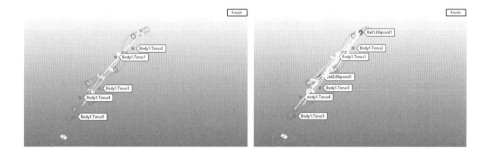

27. 點選 Sphere In Torus。

28. 修改 SphereInTorus1 到 SphereInTorus8，勾選 Open Face 的 Start Face 和 End Face。

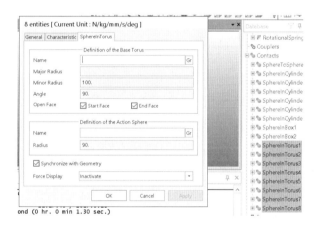

28. 點選 Sphere In Box。

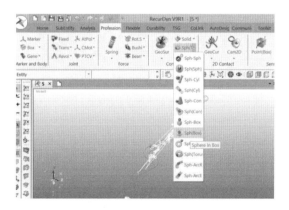

29. 選取線，點選 Finish，再選取球，再點選 Finish。

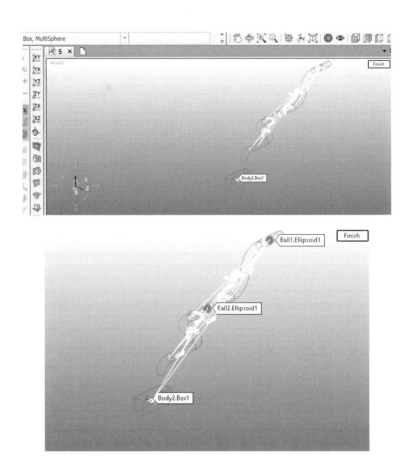

30. 修改 SphereInBox1 和 SphereInBox2，勾選 Open Face 的 Top Face。

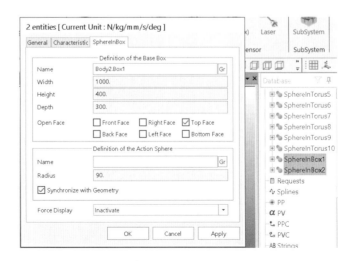

31. 點選 Sphere to Sphere。

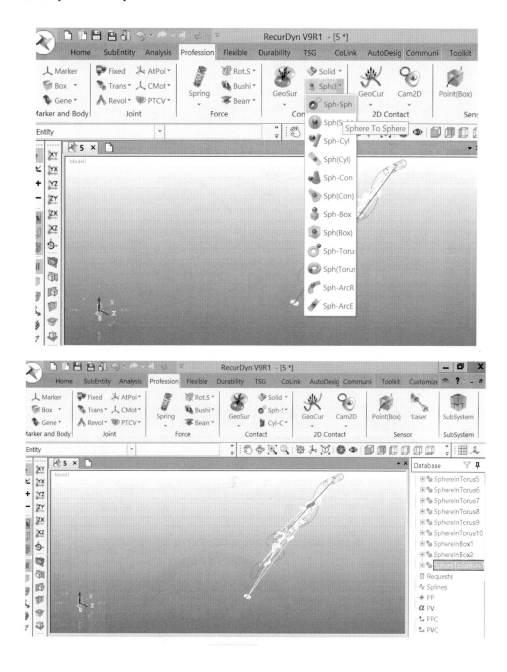

32. 進行結果計算，選擇 Analysis 。

33. 設定結束時間與時間間距，還有一些所需要的計算設定。

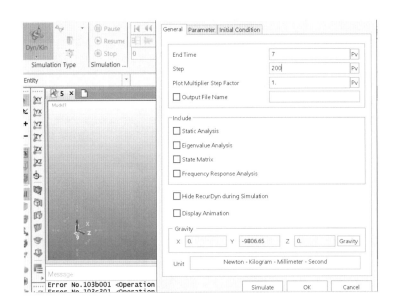

34. 系統會提示需要儲存檔案，設定要儲存的位置與檔名。

35. 計算完畢後，進入下面畫面。

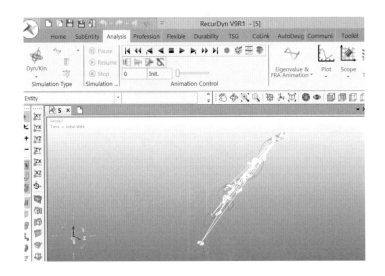

36. 可點選圖示工具列，來觀看結果的動畫或者顯示所需要的數值，點選 Plot Result 。

37. 可以從事後處理或結束分析。

4.7 行星齒輪系與皮帶輪之結合碰撞模擬仿真

1. 開啓 RecurDyn 後，單位選擇 MMKS。

2. 點選 Toolkit 的 Belt 功能，進入 Belt1@Model1 編輯模式後，點選 Timing Pulley 建立皮帶輪。

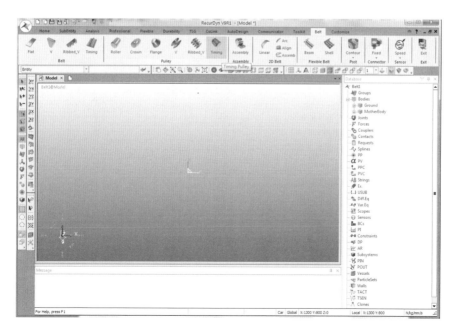

3. 在原點（0,0,0）建立大皮帶輪、點（-300,0,0）建立小皮帶輪。

　a. 大皮帶輪參數（以橢圓圈標示者）。

TimingPulley [Current Unit : N/kg/mm/s/deg]

General	Characteristic

Pulley Type	Parameters ▼
Number of Teeth	21
Angle (A)	20.	Pv
Tooth Height (Hr)	10.29	Pv
Tooth Length (Bg)	11.61	Pv
Tooth Root Radius (R1)	2.69	Pv
Tooth Tip Radius (R2)	2.82	Pv
Outside Diameter (Do)	199.08	Pv

Flange Height (H) 7. Pv
Pulley Width (W) 20 Pv
Flange Width (W) 30 Pv

Assembly Information
○ Assembled Radius 40.5927
◉ Radial Distance 0.

Dimension　　Profile　　Draw

○ Full Search
◉ Partial Search　☐ User Boundary　199.08

OK　　Cancel

　b. 小皮帶輪參數（以橢圓圈標示者）。

TimingPulley [Current Unit : N/kg/mm/s/deg]

General	Characteristic

Pulley Type	Parameters ▼
Number of Teeth	7
Angle (A)	20.	Pv
Tooth Height (Hr)	10.29	Pv
Tooth Length (Bg)	11.61	Pv
Tooth Root Radius (R1)	2.69	Pv
Tooth Tip Radius (R2)	2.82	Pv
Outside Diameter (Do)	66.36	Pv

Flange Height (H) 7. Pv
Pulley Width (W) 20 Pv
Flange Width (W) 30 Pv

Assembly Information
○ Assembled Radius 40.5927
◉ Radial Distance 0.

Dimension　　Profile　　Draw

○ Full Search
◉ Partial Search　☐ User Boundary　199.08

OK　　Cancel

4. 點選 Timing Belt 建立皮帶，並修改皮帶寬度。

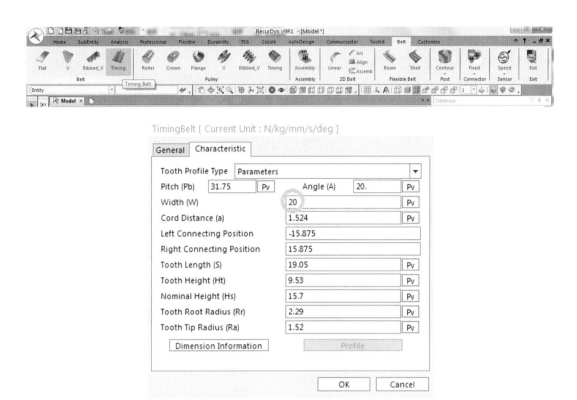

5. 點選 Assembly 將皮帶與皮帶輪結合。

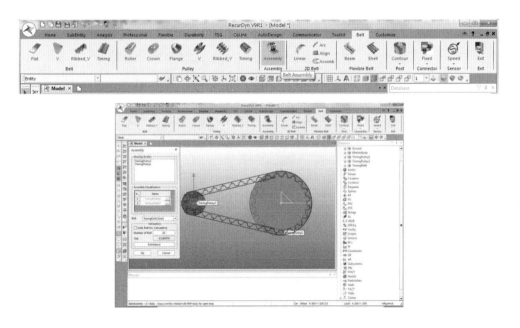

6. 點選 Revolute 在各皮帶輪建立迴轉對 Revolute。

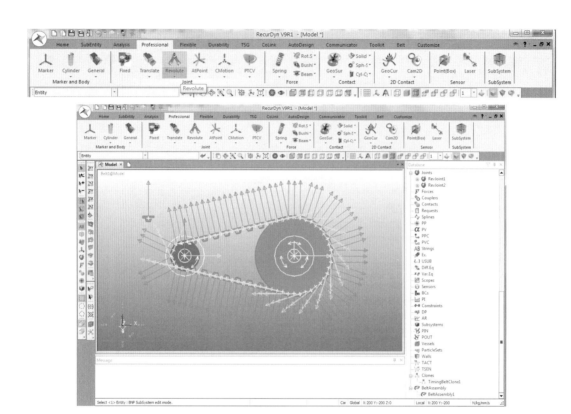

7. 點選小皮帶輪的旋轉接頭，再按右鍵選 Properties。

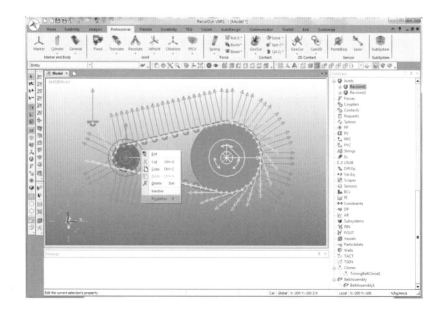

8. 將 Include Motion 打勾，點入 Motion。

9. 選擇 Velocity（time），點入 EL。

10. 設定迴轉速度 10 rad/s。

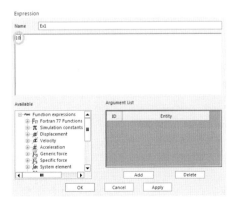

11. 完成皮帶輪編輯。

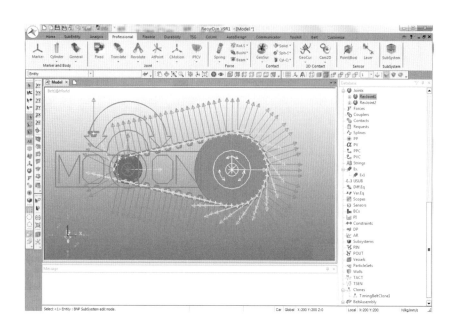

12. 點選 Toolkit 的 Gear 功能，進入 Gear1@Belt1@Model1 編輯模式後，點選 Spur 在原點建立一個正齒輪，齒數為 15 齒。

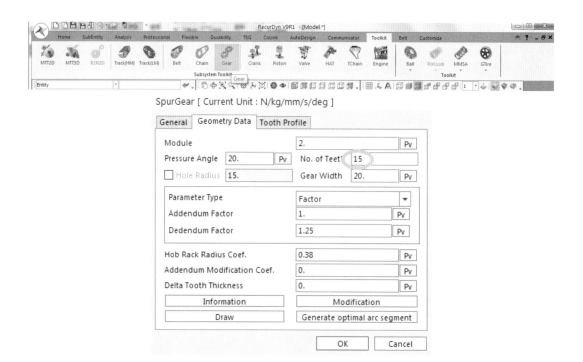

13. 左右兩邊再以相同方式建立兩個齒數為 18 齒的正齒輪。

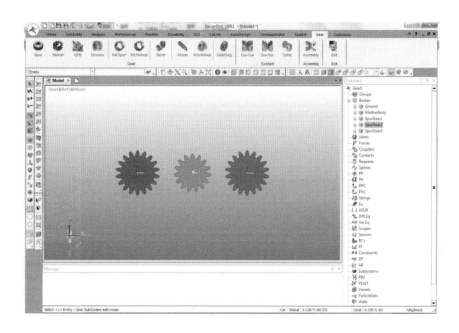

14. 點選 Assembly 修改齒輪中心距離。

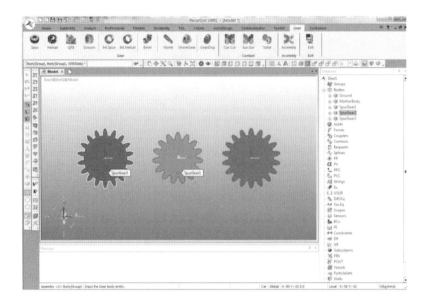

15. 點選 Int.Spur 建立內齒輪。

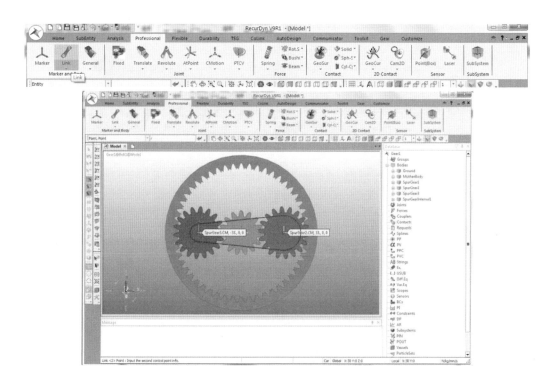

16. 選用 Professional 的 Link 功能，在行星齒輪端面繪製一連桿。

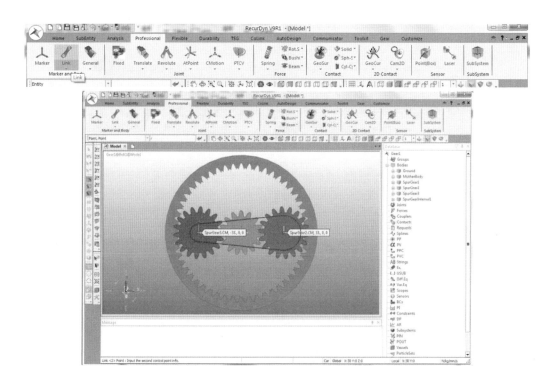

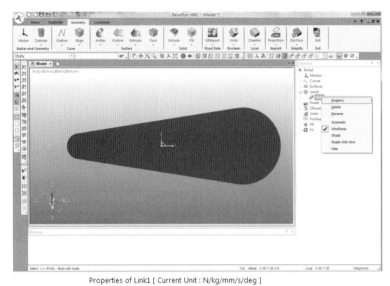

Properties of Link1 [Current Unit : N/kg/mm/s/deg]

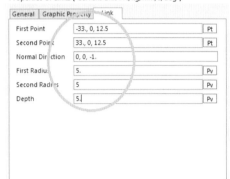

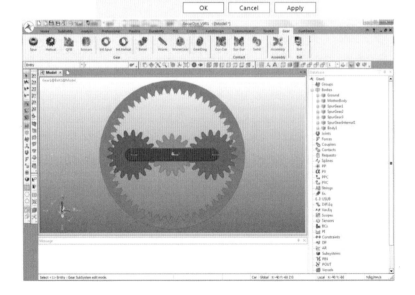

17. 點選 Revolute 將連桿與各齒輪相連接。

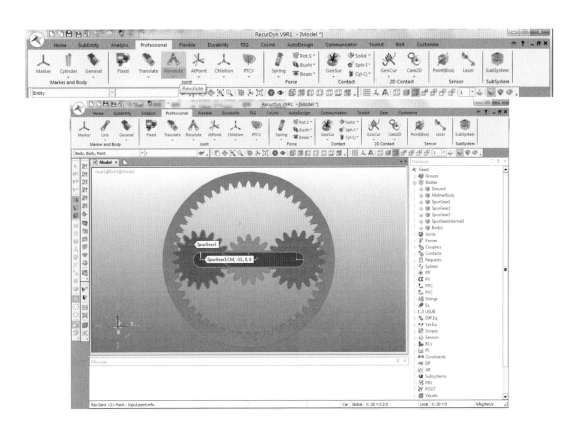

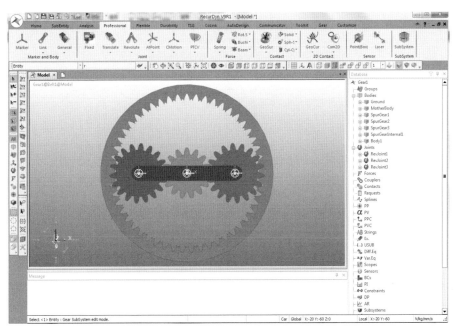

18. 再設定一 Revolute 為中心齒輪與 Ground 相連接。

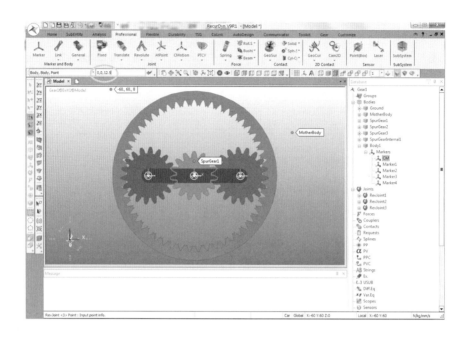

19. 點選 Cur-Cur 設定齒輪間的接觸條件。

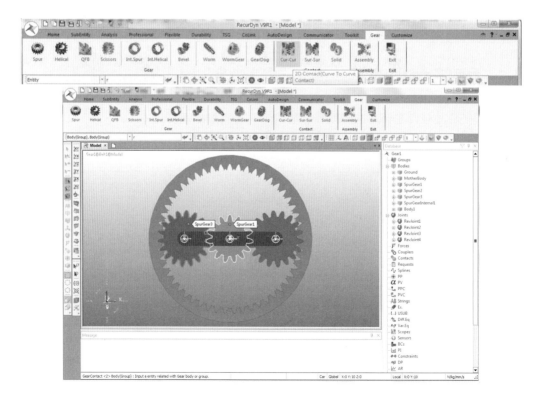

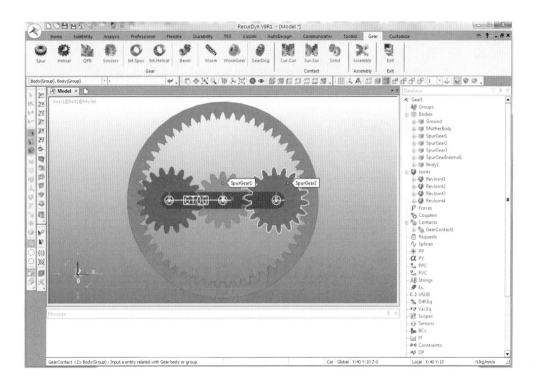

完成圖如下圖所示：

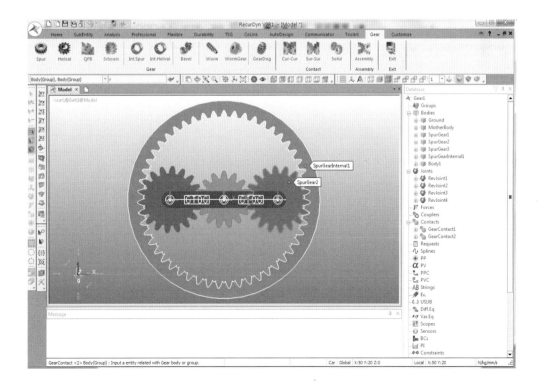

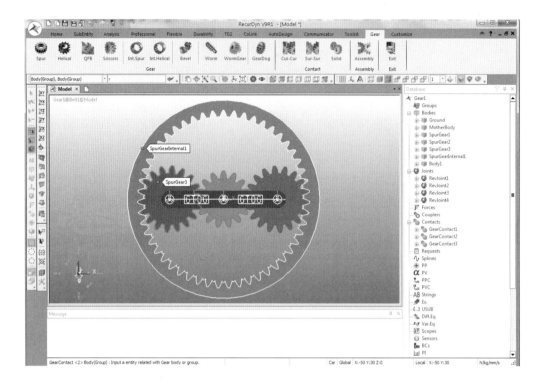

20. 將整個行星齒輪子系統往 Z 的負方向平移 120 mm。

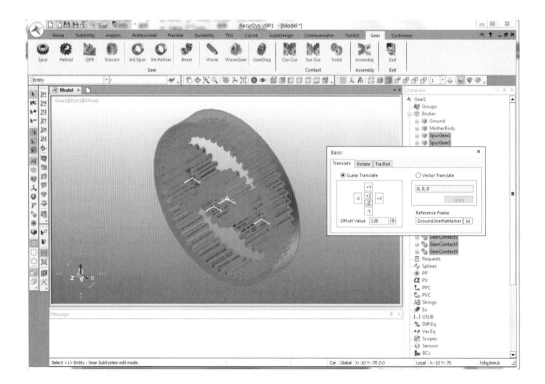

21. 點選 Fixed 將內齒輪固定住。

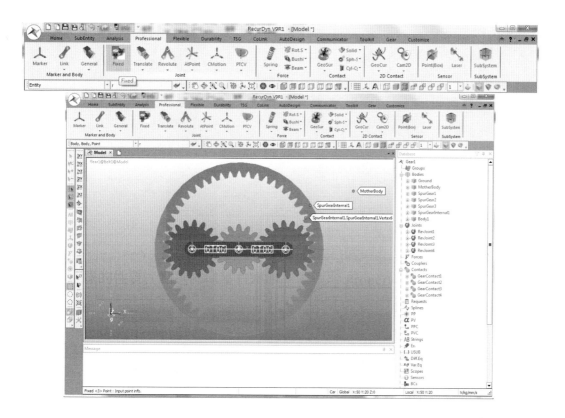

完成圖如下圖所示：

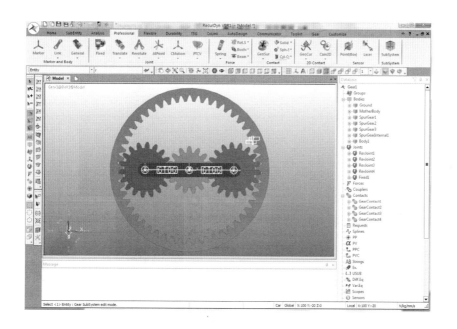

22. 按 Exit 結束編輯後，對行星齒輪子系統按右鍵選 Properties。

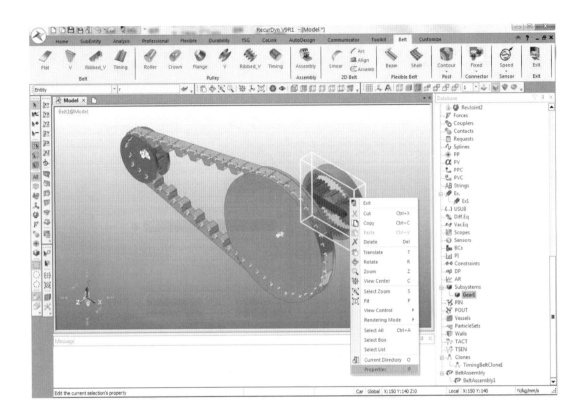

23. 點 B 並選擇大皮帶輪。

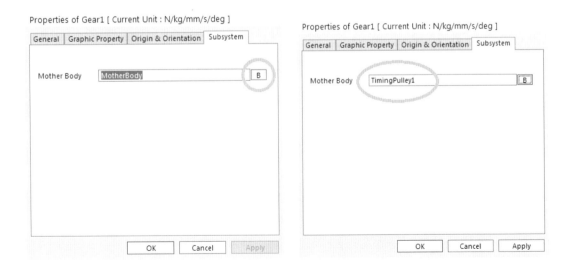

24. 設定參數後，進行分析 Analysis，再點選 Dyn/Kin。

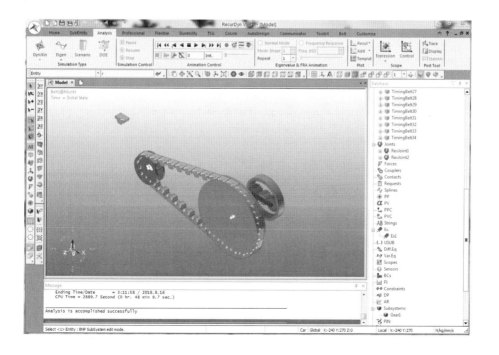

25. 完成動態模擬仿真分析。

第 **5** 章

多體系統的剛體動力學分析

5.1 Rotating Spherical Chamber

　　在本範例中，吾人模擬仿真一組多體系統 Spherical Chamber 旋轉動力學問題。

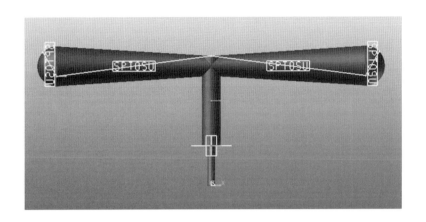

1. 開啟 RecurDyn 軟體。
2. 輸入想要的檔名（Spherical_Chamber），並且選擇單位（MMKS）和重力單位（-Y）。
3. 點選 Body → Ground → Cylinder。

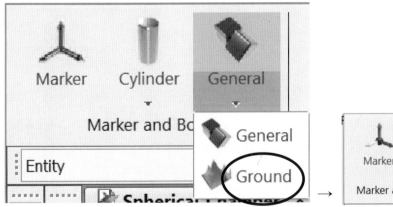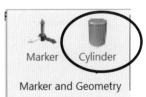

4. 繪製 Cylinder 圖形。

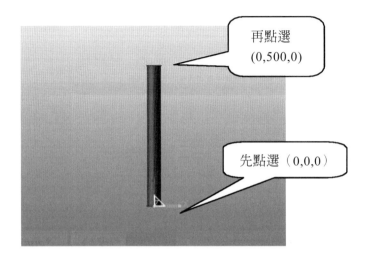

5. 點選 Property，修改 Radius ＝ 20mm。

6. 離開 Ground 編輯畫面。

7. 修改網格點為 Height：50，Width：50。

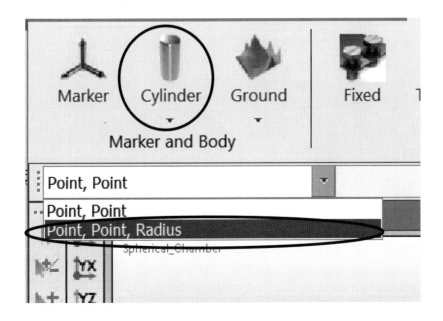

8. 點選 Body → Cylinder，在下方選單更改繪圖方式，繪製圖形。

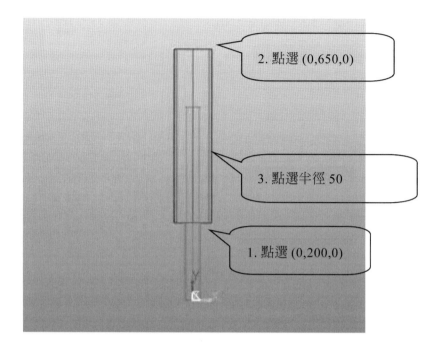

9. 點選 Property，修改名稱為 Rotate_Chamber。

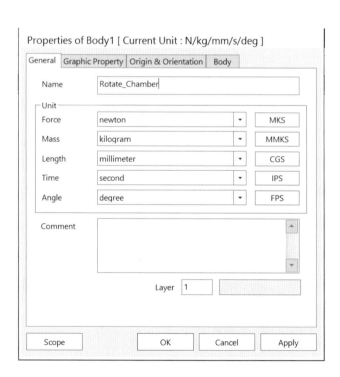

10. 按右鍵選取 Edit 進入編輯畫面。

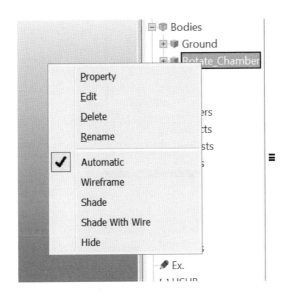

11. 選取 Outline → Spline。

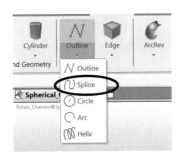

12. 繪製圖形，完成後，按右鍵選取 Finish Operation。

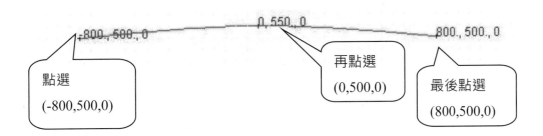

13. 離開 Body Edit 編輯畫面 [Exit] 。

14. 點選 Surface 繪製曲面。

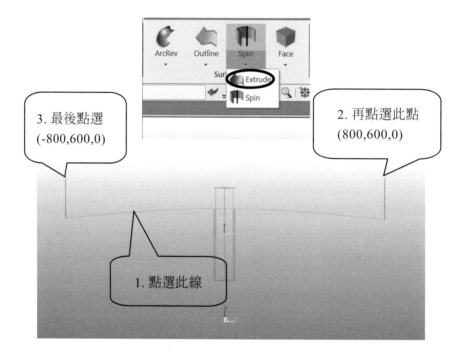

點選第二點時，可觀看下面座標的顯示以便確定。

| Car | Global | X:800 Y:600 Z:0 | Local | X:800 Y:600 |

15. 完成後會出現下面的畫面。

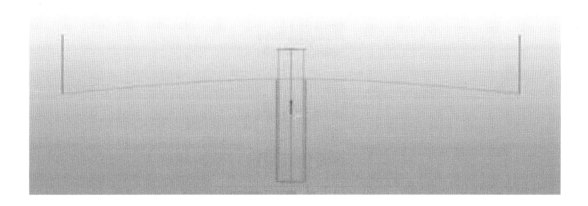

16. 選取 Spline → Arc。

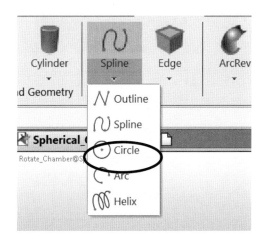

17. 依照所給的座標點選畫圖。

- **Point1** [800,600,0]
- **Point2** [800,500,0]
- **Point3** [900,500,0]
- **Point4** [900,600,0]

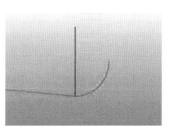

18. 離開 Profile 編輯畫面。

19. 點選 SpinSurf 繪製曲面。

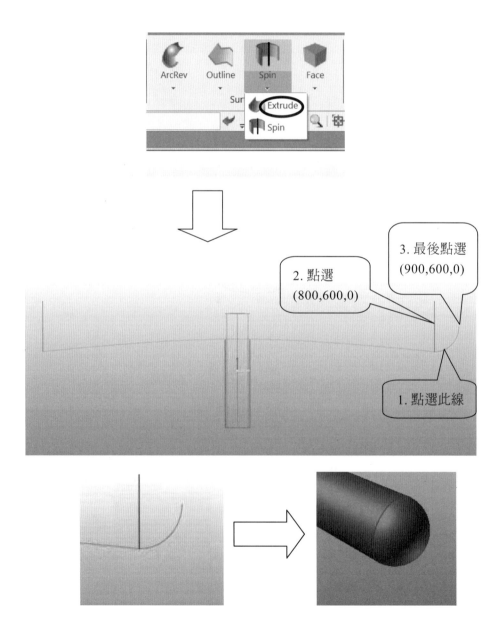

20. 選取曲面，按 Ctrl ＋ C 再按 Ctrl ＋ V，複製一個曲面。

21. 點選 Object Control → Rotate，繞 Y 軸旋轉 180 度；再選取 Translate，將＋ X 與＋ Y 移動 50mm。

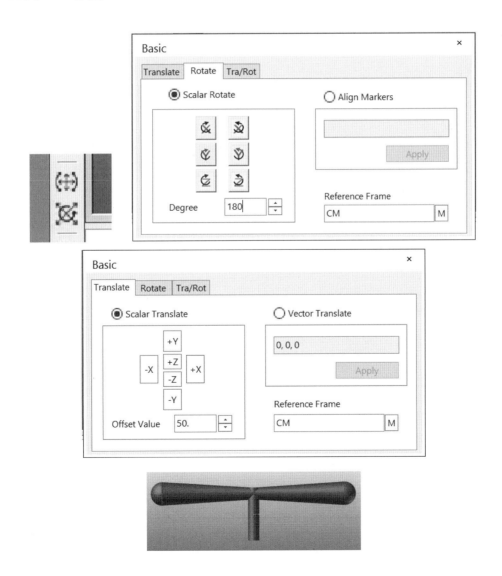

22. 離開 Ground 編輯畫面 。

23. 點選 Body → Ellipsoid，依照所給的座標繪製兩顆球。

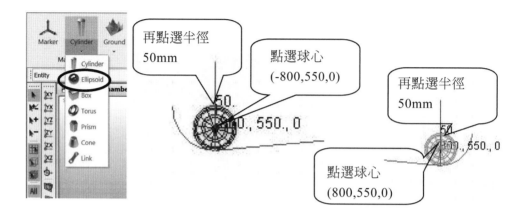

24. 按 Ctrl 選取新增的兩顆球，然後在背景上按右鍵選取 Properties 修改參數，
    更改爲User Input：Mass = 1，Ixx、Iyy、Izz = 1000000，Ixy、Iyz、Izx = 0。

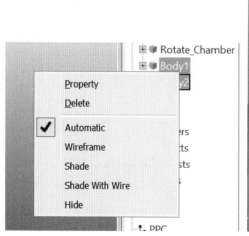

25. 點選 Joint → Revolute，更改下方為 Point,Direction，設定接點。

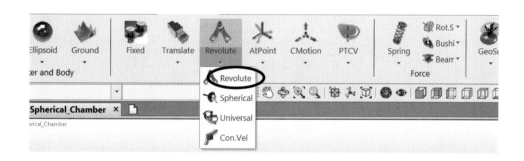

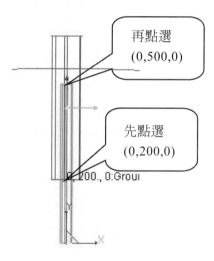

再點選
(0,500,0)

先點選
(0,200,0)

26. 設定接點的作用力，按右鍵選取 Properties。

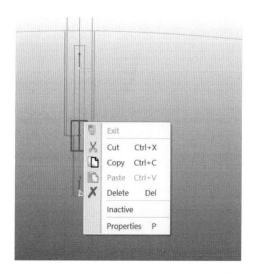

27. 將 Include 打勾，點選 Motion →選取 Velocity → EL → Create 輸入參數 PI*TIME。

Properties of RevJoint1 [Current Unit : N/kg/mm/s/deg]

General | Connector | Joint

Type Revolute

Motion
☑ Include Motion   Motion

Initial Conditions
Position (PV:R) 0.   Velocity (R/T) 0.
☐ Include Initial Conditions   ☐ Strict Initial Conditions

Friction
☐ Include Friction   ◉ Sliding   ○ Sliding & Stiction

Force Display Inactivate

Scope   OK   Cancel   Apply

Motion

Motion

Type Standard Motion

Initial disp.
Velocity (time) ▼ 0.0 Pv

Expression
Name Ex1   EL
Expression
pi*time

OK   Cancel   Apply

28. 完成後都按確定即可，就會出現動作 Motion 的符號。

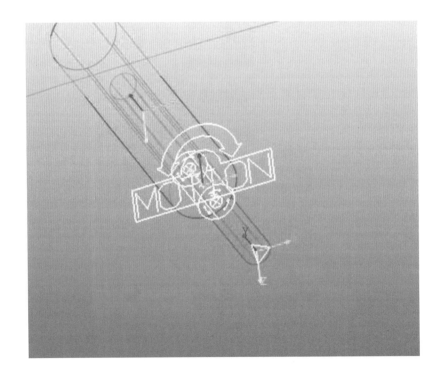

29. 點選 Contact → Sphere To Surface，設定接觸條件。

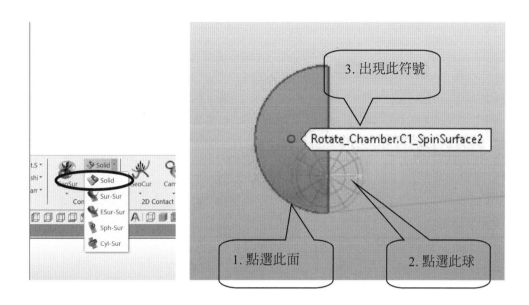

30. 按右鍵選取 Property → Characteristic 修改參數：

Spring Coefficient：100N/mm，Damping Coefficient：0.1N·sec/mm，Friction Coefficient：0。

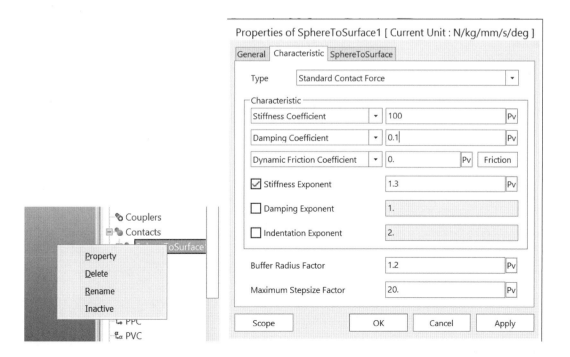

31. 點選 Contact → Sphere To Surface，同上步驟依序建立其他的接觸條件。

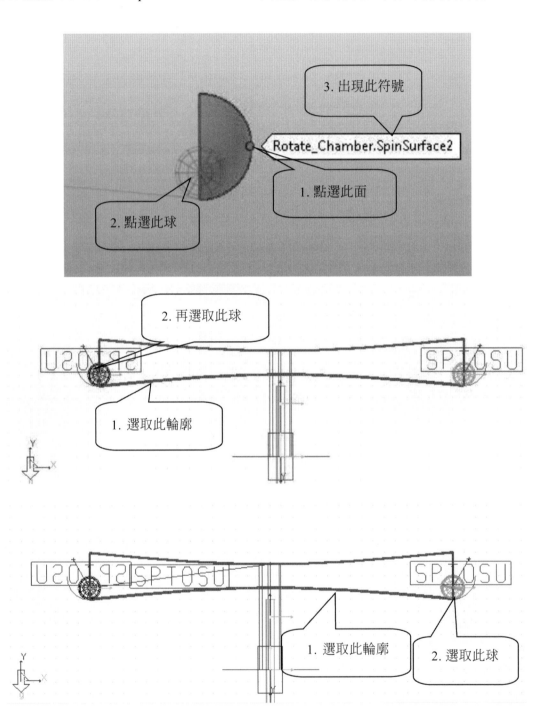

32. 完成後如下圖所示。

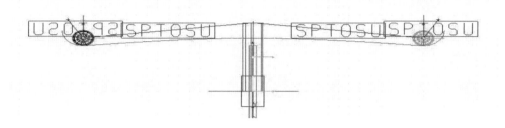

33. 按 Ctrl 選取新增的三個 Contact，在背景按右鍵選取 Property → Characteristic 修改參數：Spring Coefficient：100N/mm，Damping Coefficient：0.1N·sec/mm，Friction Coefficient：0。

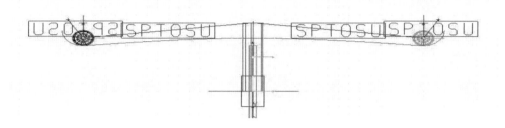

34. 修改接觸條件參數。

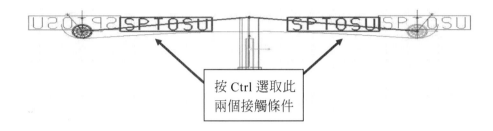

按 Ctrl 選取此
兩個接觸條件

將 Normal Direction 核選 Down。

35. 進行結果計算，選擇 Analysis → Dyn/Kin 。

36. 設定結束時間與時間間距，還有一些所需要的計算設定。

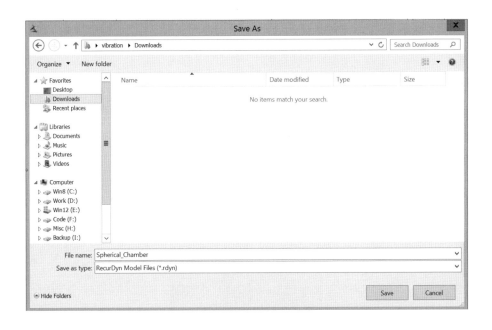

37. 系統會提示需要儲存檔案，設定要儲存的位置與檔名。

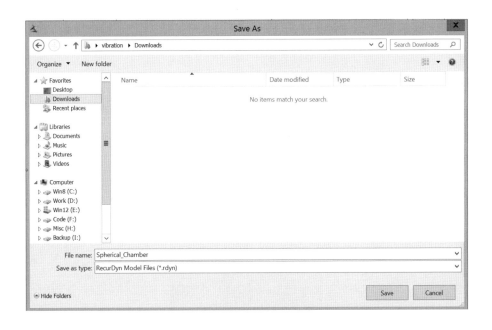

38. 計算完畢後，進入下面畫面。

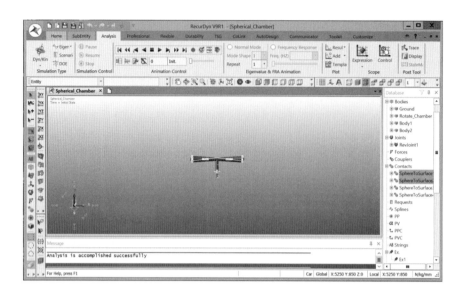

39. 可以點選下面工具列來觀看結果的動畫，或按紅色圓鍵錄製。

40. 可以從事後處理或結束分析。

5.2 Rotating Governor Mechanism

在本範例中，吾人模擬仿真一組多體系統 Governor Mechanism 旋轉動力學問題。

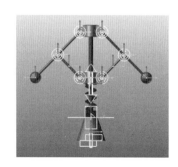

1. 開啓 RecurDyn 軟體。
2. 輸入想要的檔名，並且選擇單位（MMKS）和重力單位（-Y）。
3. 選擇 Body → Cone。

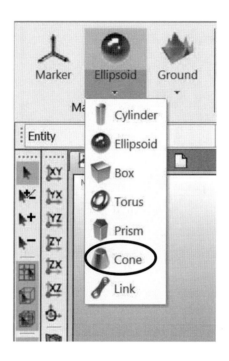

依照下方數字進行輸入：

Point1 [0, 0, 0] Point2 [0, -200, 0]。

First Radius : 60 mm Second Radius : 130 mm。

會得到下方圖示：

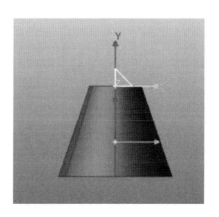

4. 選擇 Body → Cylinder。

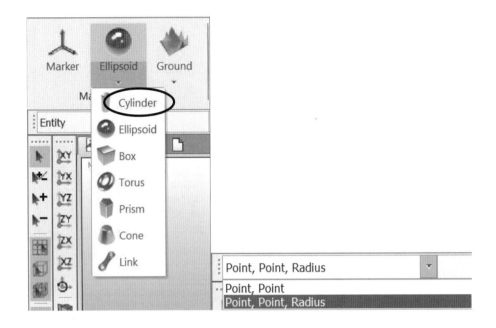

依照下方數字進行輸入：

Point1 [0, 0, 0] Point2 [0, 800, 0]。

Radius : 20 mm 會得到下方圖示：

更改顯示圖層

5. 然後再選擇 General 進入編輯模式，選取 Cylinder 繪製圓形長管。

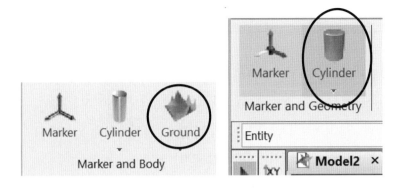

依照下方數字進行輸入 Point1 [0, 300, 0] Point2 [0, 400, 0]。

Radius : 50 mm 會得到下方圖示：

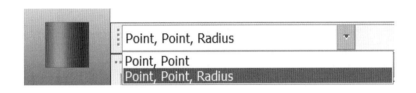

改變格點顯示大小：

| Width | 100 |
| Height | 100 |

6. 選取 Profile 之後再選取 Line。

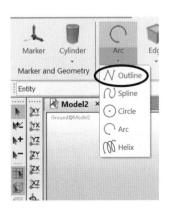

依照下方數字依序輸入：

MultiPoint	▾	-60,400	▾

1. [X：-60, Y：400]，2. [X：-110, Y：370]，3. [X：-120, Y：350]，
4. [X：-110, Y：330]，5. [X：-60, Y：300]，6. [X：60, Y：300]，
7. [X：110, Y：330]，8. [X：120, Y：350]，9. [X：110, Y：370]，
10. [X：60, Y：400]，11. [X：-60, Y：400]。

完成下方圖示後，按右鍵選 Finish Operation。

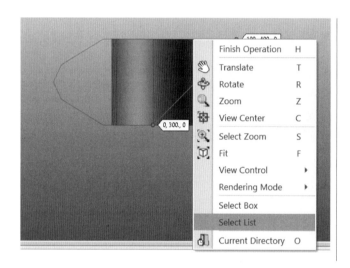

7. 畫完輪廓後，先點選 Fill 填滿圖形，接著選取 Extrude 延展出圖形。

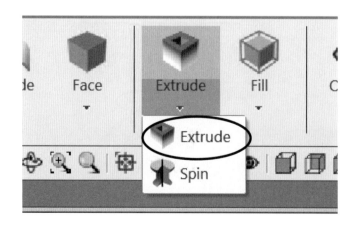

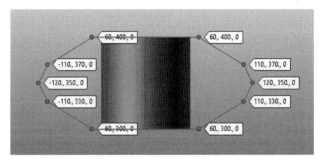

| Curve, Direction, Distance | ▼ | 30 |

8. 選取曲線，並且設定 Depth：30 mm，按 Enter 確認，接著利用座標來做物件的移動，在方格內輸入 15，並按壓 –Z 按鈕。

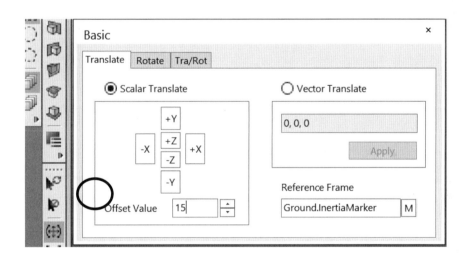

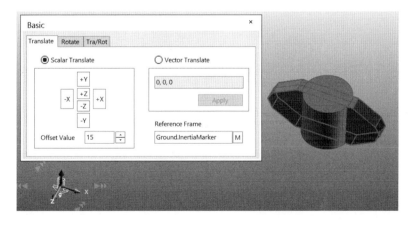

9. 會得到下方圖示，接著按右鍵選取 Exit 離開編輯模式。

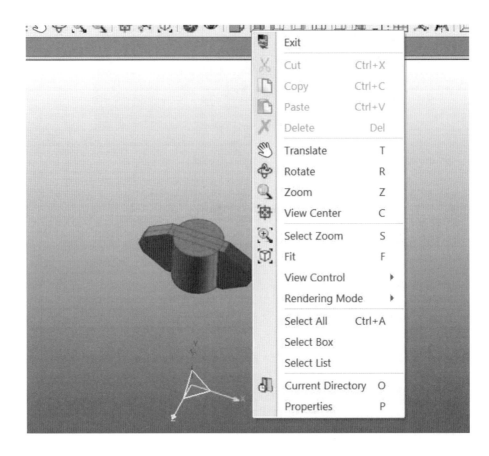

10. 複製上方物件並在圖面貼上利用座標來做物件的移動，在方格內輸入 10，並
按壓 –X 按鈕，在方格內輸入 410，並按壓 +Y 按鈕，則會得到下方圖示。

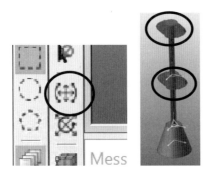

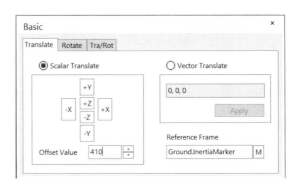

Properties of Ground [Current Unit : N/kg/mm/s/deg]

11. 選取兩物件如上圖，按右鍵 properties 改兩物體顏色，如下圖所示。

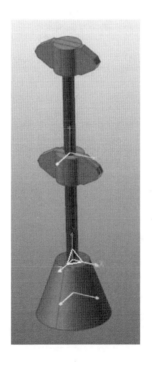

12. 選擇 Body → Cylinder。

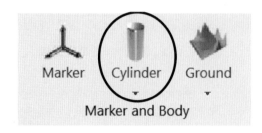

Cylinder1：[100, 750, 0] Point2：[500, 350, 0] Radius：10 mm。
Cylinder2：[100, 350, 0] Point2：[300, 550, 0] Radius：10 mm。
會得到下方圖示：

13. 選取 Ellipsoid 繪製圓球。

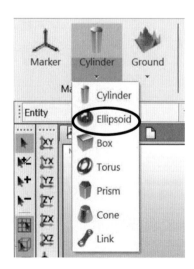

圓球的相關座標：Point1：[500, 350, 0] 距離 50，得到下方圖示：

更改圓球的性質（點選圓球壓右鍵），並選取 Properties，更改為下方圖示：

複製兩圓桿以及圓球，並在圖面貼上，利用座標來做物件的移動。

在方格內輸入 50 並按壓 –X 按鈕，在方格內輸入 50 並按壓 +Y 按鈕。

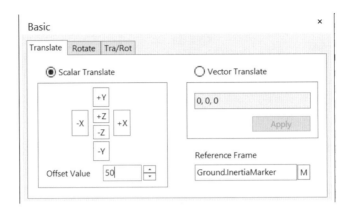

對 Y 軸旋轉 180 度。

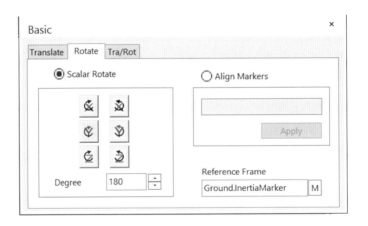

如下圖所示：

14. 點選 Revolute 來對物件進行定義，如下圖所示。

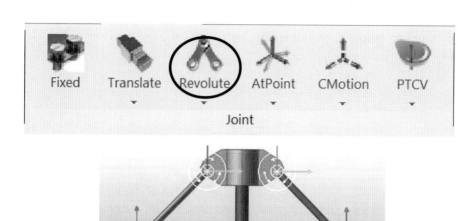

點選 Revolute 來對物件進行定義，在下方選取 Point, Direction。

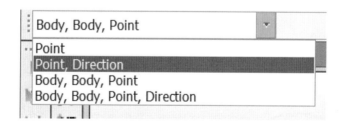

Point1 [0, 0, 0]　Point2 [0, 200, 0]，得到下方圖示：

15. 點選 Fixed 接點來對物件連接進行定義，分別點選 Fixed1: Point [0, -300, 0] Point [0, -200, 0]，Fixed2: Point [0, 760, 0] Point [0, 700, 0]，Fixed3: Point [-300, 550, 0] Point [-500, 350, 0]，Fixed4: Point [300, 550, 0] Point [500, 350, 0]。

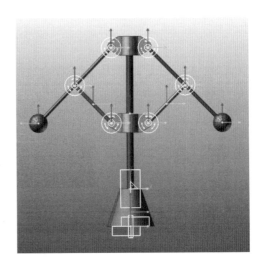

16. 點選 Cylindrical 來對物件進行定義，點選 Point [0,400,0]，Direction [0,500,0]，得到下方圖示。

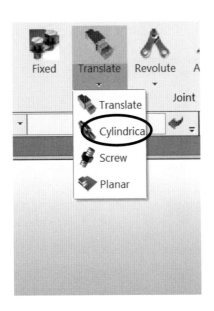

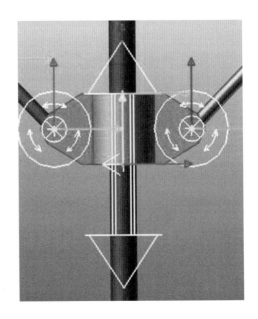

對下方的方形點選右鍵並選取 Properties，跳出下方的視窗（先將空格打勾，再點選 Motion），把新的視窗改為下方圖示，Displacement 設為 10*time。

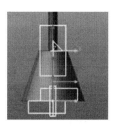

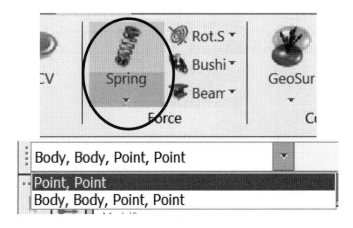

17. 設定彈簧力 Force → Spring，在下方選取 Point, Point。

18. 在圖面上點選 Point1：[0, 0, 0]、Point2：[0, 350, 0]，得到下方圖示。對上方彈簧力點選右鍵，並選取 Properties，輸入 Spring coefficient：1.0 Damping coefficient：0.05。

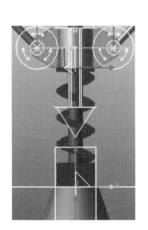

19. 進行結果計算，選擇 Analysis，設定結束時間與時間間距，還有一些所需要的計算設定。

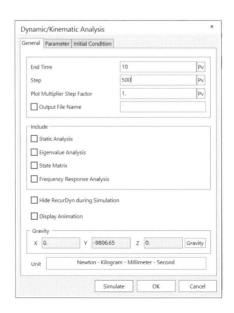

20. 系統會提示需要儲存檔案，設定要儲存的位置與檔名。

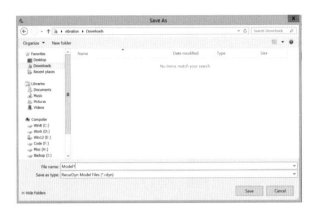

21. 計算完畢後，進入下面畫面。

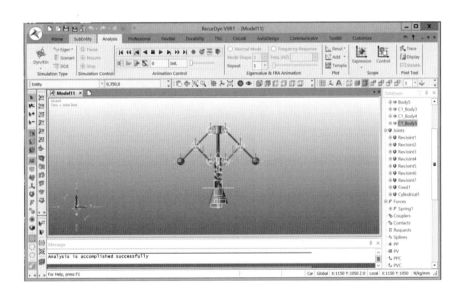

22. 可以點選下面工具列，來觀看結果的動畫或按紅色圓鍵錄製之。

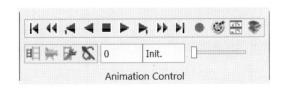

23. 可以從事後處理或結束分析。

5.3 Two Ball Bearing

在本範例中，吾人模擬仿真兩個滾珠軸承旋轉動力學問題。

1. 在 XZ 平面上創建一個長度為 300mm、半徑為 31.25mm 的 cylinder。

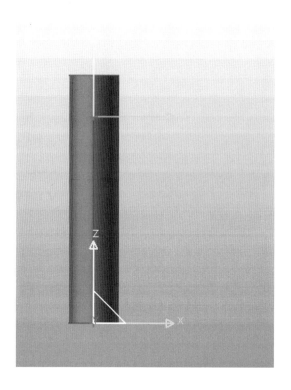

2. 更改為 XY 平面。在 Toolkits 模塊中，選擇 Ball Bearing。

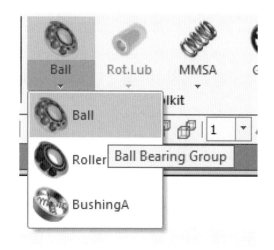

在輸出中設置點，WithDialog 然後在屏幕上選擇點：0,0,0。

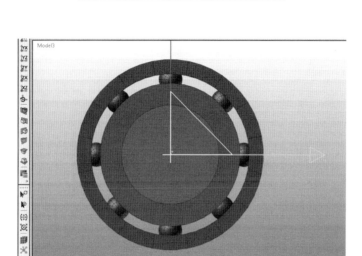

3. 出現滾珠軸承屬性框，單擊確定。

4. 重複步驟 3 以創建第二個滾珠軸承。

5. 使用物體控制，使用 20 mm 的平移球軸承 1 和沿 Z 軸的 280 mm 球軸承 2。

6. 在 Professional 模塊中，選擇 Revolute Joint。

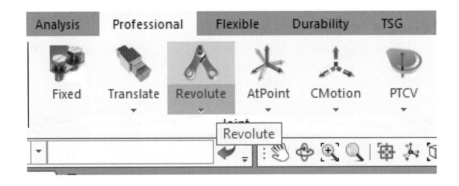

設置 Body, Body, Point, Direction。

Window 數據庫

Body 1	Body 2	Point	Direction
Ground	Shaft	0,0,150	+Z axis
Shaft	Ball bearing 1	0,0,20	+Z axis
Shaft	Ball bearing 2	0,0,280	+Z axis
Shaft	Ball 1	0,0,20	+Z axis
Shaft	……	0,0,20	+Z axis
Shaft	Ball 8	0,0,20	+Z axis
Shaft	Ball 9	0,0,280	+Z axis
Shaft	……	0,0,280	+Z axis
Shaft	Ball 16	0,0,280	+Z axis
Shaft	OuterRingUnit1	0,0,20	+Z axis
Shaft	……	0,0,20	+Z axis
Shaft	OuterRingUnit16	0,0,20	+Z axis
Shaft	OuterRingUnit17	0,0,280	+Z axis
Shaft	……	0,0,280	+Z axis
Shaft	OuterRingUnit32	0,0,280	+Z axis

7. 在 Window 數據庫中選擇第三個 RevJoint，然後選擇 Properties，在 Property 框中，選中 Include Motion，然後選擇 Motion。

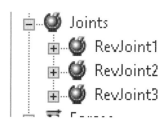

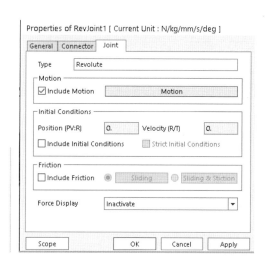

在「Motion」框中，設置「Velocity（time）」，然後單擊「EL」。

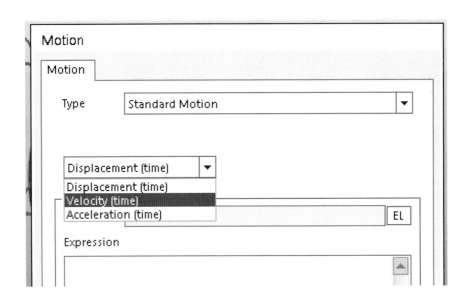

選擇在表達式列表中 Create，在名稱類型：Velocity1 中，然後在下面的框中鍵入 2 * PI。

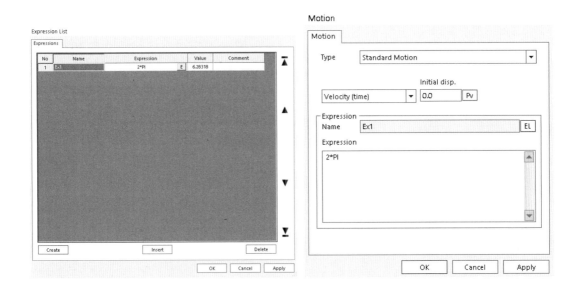

單擊「OK」。

8. 進行結果計算，選擇 Analysis，設定結束時間與時間間距，還有一些所需要的計算設定。

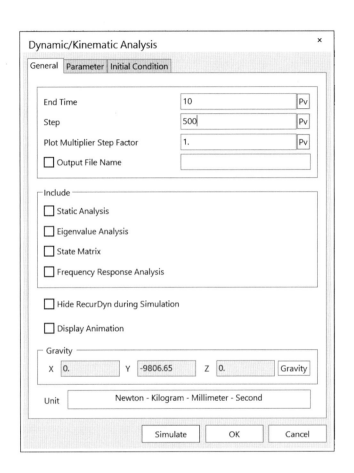

9. 系統會提示需要儲存檔案，設定要儲存的位置與檔名。

10. 可以點選下面工具列，來觀看結果的動畫或按紅色圓鍵錄製之。

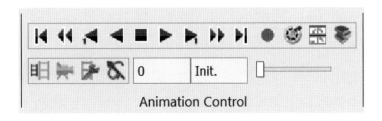

11. 可以從事後處理或結束分析。

第**6**章

RecurDyn 子系統進階範例

6.1 印表機 MTT3D 子系統模組

在本範例中，吾人模擬一組多體子系統印表機 MTT3D 子系統模組動力學問題。

1. 開啓 RecurDyn 軟體，先將單位設定完成，如下圖所示。

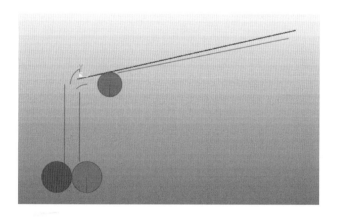

2. 進入編輯畫面後，在左列功能表中之 Subsystem 選擇 MTT3D 模組，依序建立出所需之模型，如下圖。

3. 首先選擇 Shell 建立紙張，接著將所需之條件輸入，如下圖所示。

4. 點選「Material Property」，輸入紙張之材料性質。

5. 接著點選 ，依序建立刀具軸與滾輪，並設定其條件與彎矩值，如下圖所示。

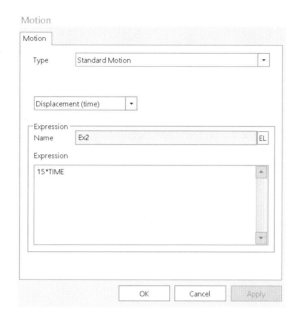

6. 然後可以利用 Arc 和 Linear 功能建立出進紙導程界線，如下圖所示。

7. 最後點選 Dyn/Kin 進行設定運算的相關參數，如下圖。

Dynamic/Kinematic Analysis ×

General | Parameter | Initial Condition

End Time   5.   Pv
Step   1000.   Pv
Plot Multiplier Step Factor   1.   Pv
☐ Output File Name

Include
☐ Static Analysis
☐ Eigenvalue Analysis
☐ State Matrix
☐ Frequency Response Analysis

☐ Hide RecurDyn during Simulation
☐ Display Animation

Gravity
X   0.   Y   -9806.65   Z   0.   Gravity

Unit   Newton - Kilogram - Millimeter - Second

8. 由以上之步驟，可建立進紙機構 3D 模型，如下圖所示。

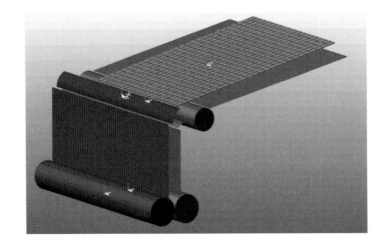

9. 點選下面工具列，來觀看結果的動畫或錄製之。

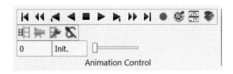

10. 可以從事後處理或結束分析。

6.2 高速履帶 Track（HM）子系統模組

　　在本範例中，吾人模擬一組多體系統高速移動的履帶裝甲戰車車輛 Track（HM）子系統模組動力學問題。

1. 先開啓 RecurDyn 並設定 MMKS 制。
2. 開啓子系統的高速履帶模組。

（所有設定以內建爲主）

3. 點選 Sprocket 分別在（X:-1000, Y: 500, Z: 0）及（X: 1000, Y: 500, Z: 0）兩點上繪出 Sprocket 元件，再點選 Double Wheel 分別在（X: -700, Y: 0, Z: 0）、（X: -300, Y: 0, Z: 0）、（X: 300, Y: 0, Z: 0）、（X: 700, Y: 0, Z: 0）、（X: -200, Y: 600, Z: 0）、（X: -500, Y: 600, Z: 0）、（X: 200, Y: 600, Z: 0）及（X: 500, Y: 600, Z: 0）點上繪出半徑爲 100 之 Double Wheel 元件，然後選取上述所有繪出元件複製（Copy）另一整組元件，並且以 Object Control 指令移動所有複製元件至對稱位置到距離 Z: 1500。

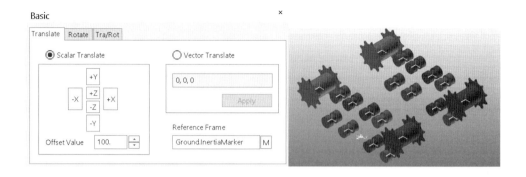

4. 點選 Track Link（S）在旁邊放上基本的履帶，點選 Track Assembly 按照順序剛好每邊一圈完整連接，兩邊是對稱且一樣。

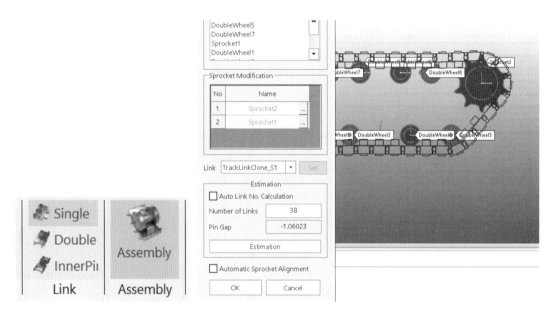

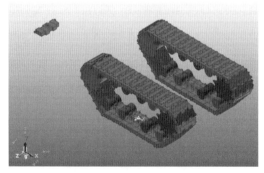

5. 繪出一個 Box 長 2500、寬 900、高 800 在履帶中間。

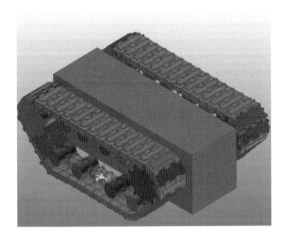

6. 點選 Box 兩下進入編輯畫面，修改 Box 左右下角導角 500 度，並且把左右上角的邊導 50 度小圓角。

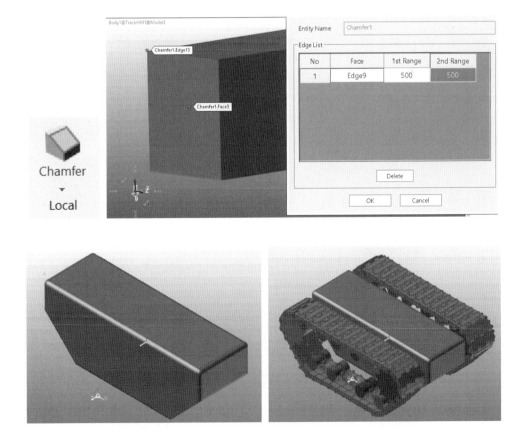

7. 然後以 Joint → Revolute 將每一個 Sprocket 及 Double Wheel 連接在 Box 上，接著在左右 Sprocket 上面各個 Revolute 加上 Motion 速度 7。

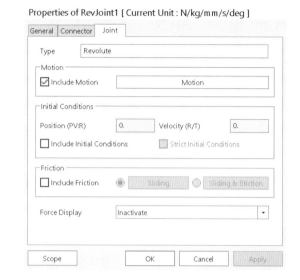

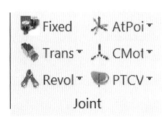

8. 點選 Track Road Data 做地板，點選 Box 繪出比履帶車輛長與寬大數倍，而高只要 100 為地板，再點選 FaceRoad 以 Box 的上表面為地面，並調整到剛好在履帶車輛下方，距離越近越好，再點選 Contack，點選地面與履帶。

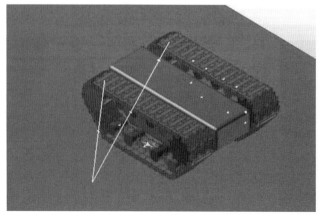

9. Analysis → Dyn/Kin 點選下面工具列，來觀看結果的動畫或錄製之。

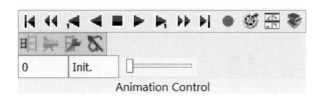

Animation Control

10. 可以從事後處理或結束分析。

6.3 引擎多體系統模組

在本範例中，吾人模擬一組多體系統四汽缸汽車引擎模組動力學問題。

1. 開啟 RecurDyn 軟體。

2. 輸入想設定的檔名，並且選擇單位（MMKS）和重力單位（-Z）後，按 OK。

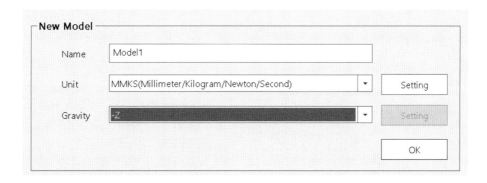

3. 點選 SubSystem，選取 Crank 模組。

4. 在 Crank 模組裡，點選 Global Data 模組　　　　。

5. 設定所有物件的類型、種類、轉向、數量、位置的參數。

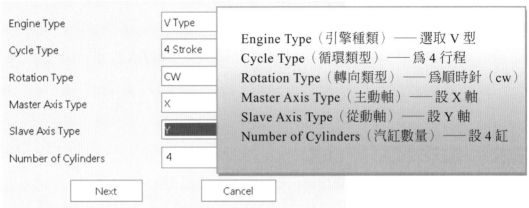

Pre Crank Global Data

Engine Type	V Type
Cycle Type	4 Stroke
Rotation Type	CW
Master Axis Type	X
Slave Axis Type	Y
Number of Cylinders	4

Next   Cancel

Engine Type（引擎種類）── 選取 V 型
Cycle Type（循環類型）── 為 4 行程
Rotation Type（轉向類型）── 為順時針（cw）
Master Axis Type（主動軸）── 設 X 軸
Slave Axis Type（從動軸）── 設 Y 軸
Number of Cylinders（汽缸數量）── 設 4 缸

Crank Global Data

Basic Info

Name	GlobalData
Parametric Ref. Marker	SPM_Base
Engine Type	V Type
Cycle Type	4 Stroke
Rotation Type	CW
Master Axis Type	X
Slave Axis Type	Y
Number of Cylinder	4

Stroke	100.
Eff. ConRod Length	200.
Bore Diameter	85.

Cylinder Layout

Eff. Torsional Damper Dist.	45.	☐ Reverse
Eff. Fly Wheel Dist.	40.	
Number of Balancing Shafts	2	Layout
Engine Mount	Fixed · 1 ·	Layout
Equivalent Drive Train	Direct ·	Layout

OK   Cancel

Stroke（衝程）── 設為 100
ConRod Length（連接桿長）──
設為 200
Bore Diameter（鑽孔直徑）── 設
為 85
Torsional Damper Dist（扭力阻尼
器距離）── 設為 45
Fly Wheel Dist（飛輪距離）── 設
40
Number of Balancing Shafts（平衡
軸數量）── 設為 2
Engine Mount（引擎底座之固定數
量）── 設為 1
等效驅動系列為 Direct（直接的）

6. 點選 E.Block（汽缸底座），數量為 1。

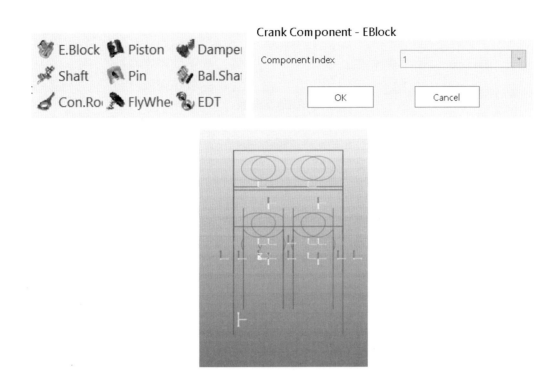

7. 點選 Shaft 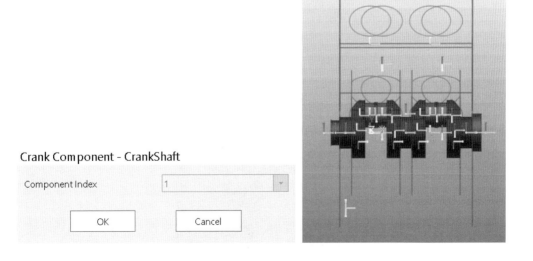 （連結曲柄），數量為 1。

8. 點選 Con. Rod 🔧 Con.Ro（曲柄連接桿），依序用 4 個曲柄連接桿，因汽缸有 4 個。

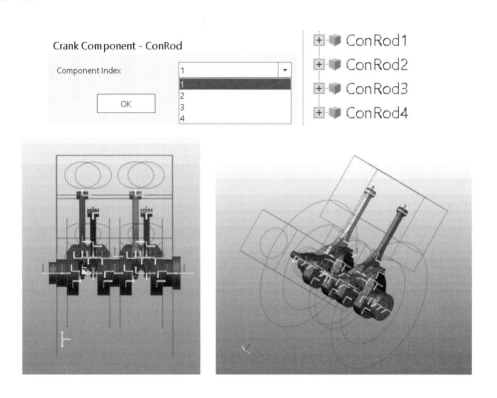

9. 點選 Piston 🔩 Piston （活塞數量），依序用 4 個活塞。

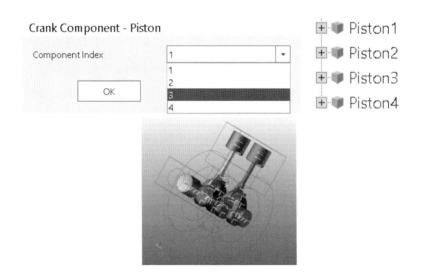

10. 點選 Pin 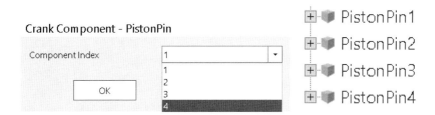 （活塞銷），依序用 4 個活塞銷。

11. 點選 FlyWheel 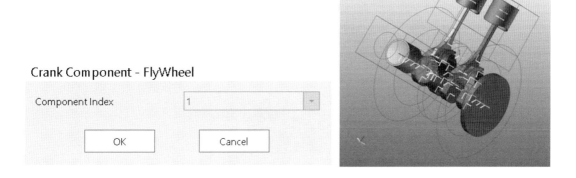 （飛輪），數量爲 1。

12. 點選 Damper  （扭力調節器），數量爲 1。

13. 點選 Bal.Shaft 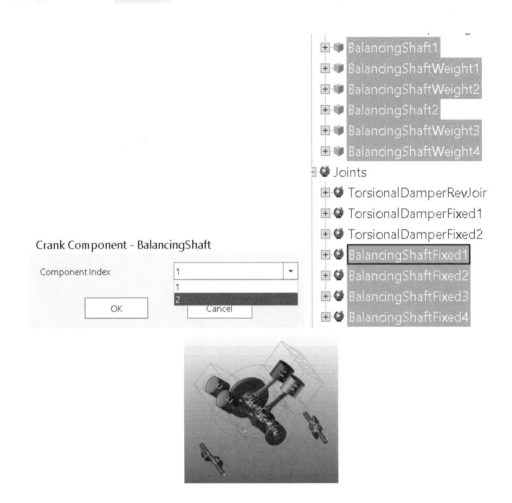（平衡軸），依序用 2 個平衡軸。

14. 點選 EDT ，數量為 1。

15. 點選 Crank Connector，選擇 E.Mount（引擎裝置），數量為 1。

16. 點選 Gas 🔥Gas （氣爆力量），依序用 4 個氣爆力量。

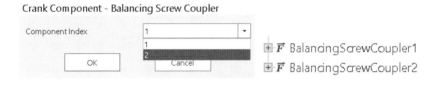

17. 點選 Coupler 🔧Coupler（平衡軸連結），依序用 2 個平衡軸連結。

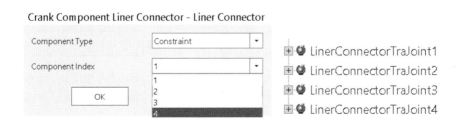

18. 點選 Liner 🔩Liner （拘束活塞），依序用 4 個拘束活塞。

Crank Component Liner Connector - Liner Connector

Component Type	Constraint
Component Index	1
	1
	2
	3
OK	4

➕🔘 LinerConnectorTraJoint1
➕🔘 LinerConnectorTraJoint2
➕🔘 LinerConnectorTraJoint3
➕🔘 LinerConnectorTraJoint4

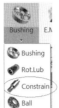

19. 點選 ，依序用 3 個 EngineBlock 和 Shaft Main。

EngineBlock & Shaft Main（主要曲柄與汽缸底座連結為拘束數量為 3）

Crank Component Bearing - Constraint Bearing

Component Type	EngineBlock & Shaft Main ▼
Component Index	1 ▼
	1
	2
	3

OK　　Cancel

+ ⚙ ConstraintEBSM1
+ ⚙ ConstraintEBSM2
+ ⚙ ConstraintEBSM3

20. 點選 ，依序用 4 個 Shaft Pin 和 Con. Rod。

Shaft Pin & Con Rod（連接桿與曲柄銷連結為拘束數量為 4）。

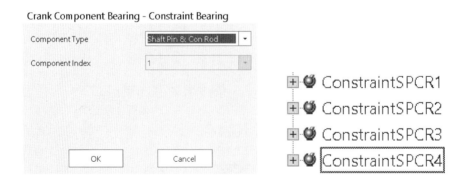

Crank Component Bearing - Constraint Bearing

| Component Type | Shaft Pin & Con Rod ▼ |
| Component Index | 1 ▼ |

OK　　Cancel

+ ⚙ ConstraintSPCR1
+ ⚙ ConstraintSPCR2
+ ⚙ ConstraintSPCR3
+ ⚙ ConstraintSPCR4

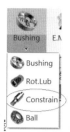

21. 點選 ，依序用 4 個 Con. Rod 和 Piston Pin。

Con Rod & Piston Pin（連接桿與活塞銷連結為拘束數量為 4）。

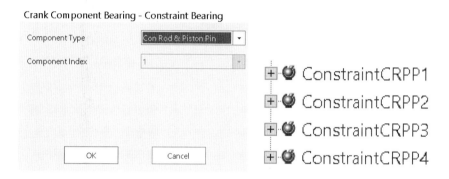

22. 點選 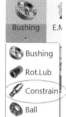 ，依序用 8 個 Piston Pin 和 Piston。

Piston Pin & Piston （活塞與活塞銷連結拘束數量為 8）。

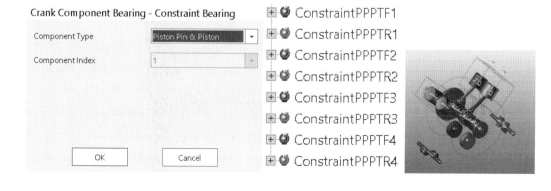

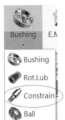

23. 點選 ，依序用 4 個 Engine Block 和 Balancing Shaft。

EngineBlock & Balancing Shaf （平衡軸與汽缸底座連結拘束數量為 4）。

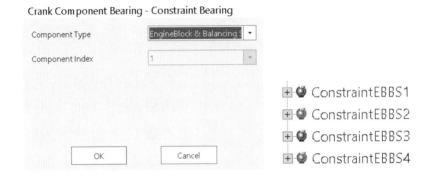

24. 由以上之步驟，可建立引擎系統 3D 模型，如下圖所示。

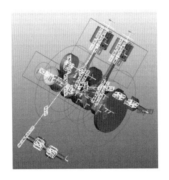

25. Analysis → Dyn/Kin，然後點選下面工具列，來觀看結果的動畫。

26. 可以從事後處理或結束分析。

6.4 拉伸實驗破壞分析模擬仿真

　　在本範例中，吾人模擬一組拉伸實驗試片破壞分析動力學問題。

1. 首先繪出模型，長：100，寬：40，厚度：3，單位 mm，原點為（0,0,0），兩
   邊缺口圓直徑：10，在模型中間兩邊，如下圖所示。

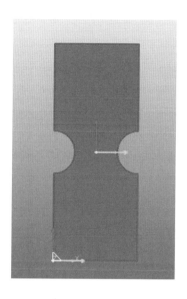

2. 設定上下拉力，以 Professional → Force → Axial。

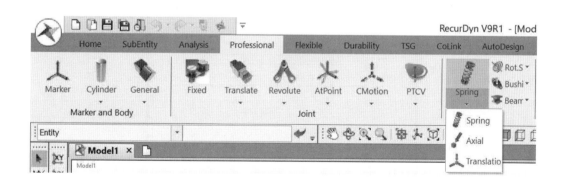

　　a. 設定上拉力，先按 Axial，點 Ground，再點模型。

　　　第一點設定為（20,200,0），第二點設定為（20,120,0）。

　　b. 設定下拉力，先按 Axial，點 Ground，再點模型。

　　　第一點設定為（20,-100,0），第二點設定為（20,-20,0）。

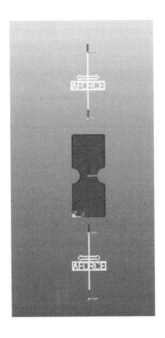

3. 設定拉力大小， 兩個選取後點右鍵，按 Property，設定力
為 -20000N。

4. 模型撓性化，按 Mesher，在點選模型進入後，再按 Mesh，選擇模型
　Subtract2，設定元素 Solid4（Tetra4），勾選 Include Assist Modeling，設定
　FDR 之用。

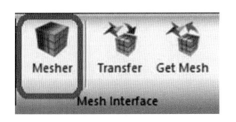

5. 按 Assist  。

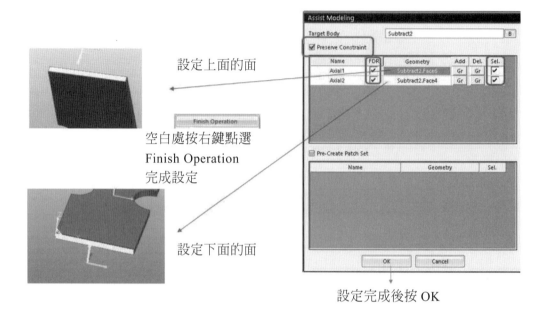

設定上面的面

空白處按右鍵點選
Finish Operation
完成設定

設定下面的面

設定完成後按 OK

6. 然後再 Mesh 一次 Mesh 。

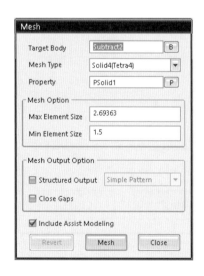

7. 設定 Patch 。

選擇全部的面

空白處按右鍵點選
Finish Operation
完成設定

8. 離開  。

9. 設定平移接點 Translate，Ground 與模型設定平移接點。

10. Analysis → 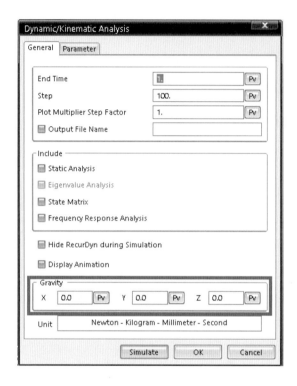 ，不要設定重力，時間為 1 秒按 Simulate 開始分析。

11. 分析結果之最大應力大小為 446MPa。

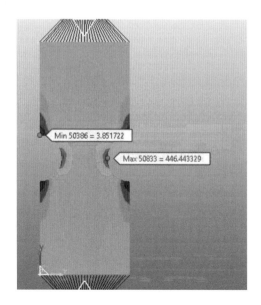

Fatigue

12. 破壞分析 Durability 。

設定材料

選擇剛才所設定的 Patch

設定全部

結果顯示 20000N 力造成 446MPA 的應力，Damage 值是 1，已經破壞了。

13. 更改上下拉力再分析，更改為 15000N，則最大應力大小為 334MPa。

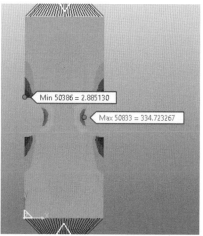

14. 破壞分析 。

Fatigue Evaluation

Axial Mode		○ Uni-Axial	● Bi-Axial

Life Criteria

● Stress - Based	○ Strain - Based	○ Safety Factor

Life Criterion	Manson-Coffin ▼
Mean Stress Effect	Goodman ▼
BWI Weld	class B ▼
Num of Std.Deviations	2.
Searching Increment	10 Deg ▼

Material

Material < mm-N >	[Steel] MANTEN [Sample.xml] [...] [S-N]

Element / Patch Set	Body1_FE.SetPatch1 [EL]
Time History (Frame)	All [SEL]
Occurrence	1. [Pv]

Fatigue Results

Face Node ID	Damage (Max.)	Life (Min.)
50833,50834,51065	4.0965138669944e-005	24411.

[Rainflow Counting]　　[Calculation]　[OK]　[Cancel]

拉力小了 5000N 結果顯示，Damage 已經不是 1 了。

15. 更改上下拉力再分析，拉力再更改為 5000N，最大應力大小還有 111MPa。

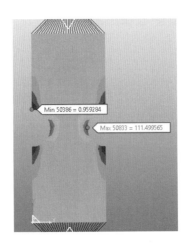

16. 破壞分析 。

Fatigue Evaluation

Axial Mode	○ Uni-Axial	● Bi-Axial

Life Criteria

● Stress - Based	○ Strain - Based	○ Safety Factor

Life Criterion	Manson-Coffin
Mean Stress Effect	Goodman
BWI Weld	class B
Num of Std.Deviations	2.
Searching Increment	10 Deg

Material

Material < mm-N >	[Steel] MANTEN [Sample.xml] ... S-N
Element / Patch Set	Body1_FE.SetPatch1 EL
Time History (Frame)	All SEL
Occurrence	1. Pv

Fatigue Results

Face Node ID	Damage (Max.)	Life (Min.)
50833,51007,50834	9.39645671035275e-012	106423094452.

Rainflow Counting	Calculation	OK	Cancel

結果 Damage 已經快趨近於 0，拉力越小，應力越小，Damage 值就越小而更趨近於 0。

第 7 章

多體系統之撓性體（柔體）分析

7.1 RecurDyn 與 ANSYS 撓性體（柔體）分析

在本範例中，吾人運用 ANSYS 有限元素分析軟體與 RecurDyn 軟體模擬一個撓性體（柔體）分析動力學問題。將 ANSYS 與 RecurDyn 的連結目的，主要是從事撓性體（柔體）動態分析，所需使用的軟體，包括 ANSYS 18.0 以上之版本以及 RecurDyn V9 以上之版本，而所需要的 ANSYS 檔案：material property file (file.mp)、Element matrices file (file.emat)、Result file (file.rst)、Mode file (file.mode)。此外，支援的 ANSYS 元素類型有下列多種元素：

- Link1, Link8, Link10, Link11。
- Beam3, Beam4, Beam23, Beam24, Beam44, Beam54, Beam188, Beam189。
- Pipe16, Pipe20, Pipe59, Pipe288, Pipe289。
- Plane2, Plane25, Plane42, Plane82, Plane83, Plane182, Plane183。
- Shell28, Shell41, Shell43, Shell63, Shell91, Shell93, Shell99, Shell181。
- Solid45, Solid46, Solid64, Solid65, Solid72, Solid73, Solid92, Solid95, Solid185, Solid186, Solid187。
- Combin14, Combin37, Combin39, Combin40, Mass21。

一、ANSYS（傳統介面）針對撓性體（柔體）前處理分析步驟

1. 開啓 ANSYS 軟體（傳統介面）。

2. 進入 ANSYS 畫面。

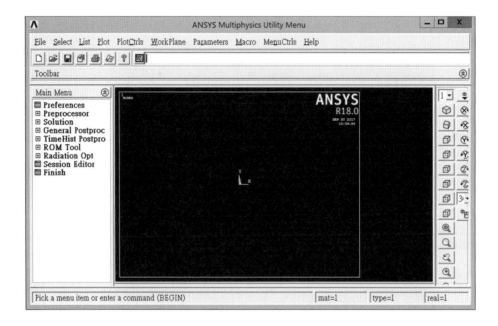

3. 將所需要的零件匯入（http://140.130.17.36/software/RD/A2.zip）。

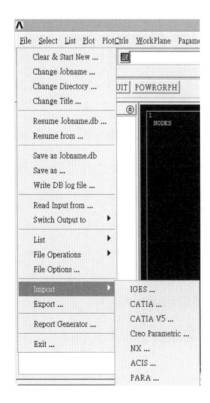

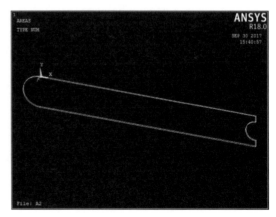

4. 設定 ANSYS 分析模式。

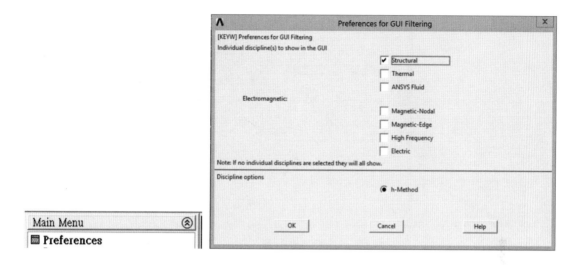

5. 設定所要使用的元素類型（點選 Add/Edit/Delete，接著按 Add…，選 Solid186 如下圖所示）。

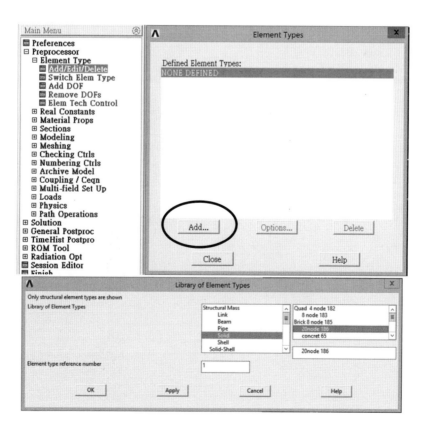

6. 設定材料性質，楊氏係數（EX）、浦松比（PRXY）、密度（Density）。

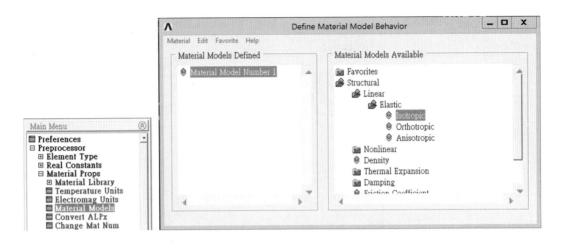

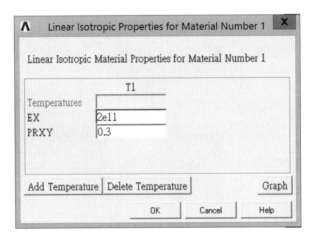

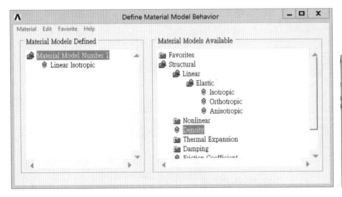

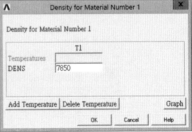

7. 對零件進行網格化處理。

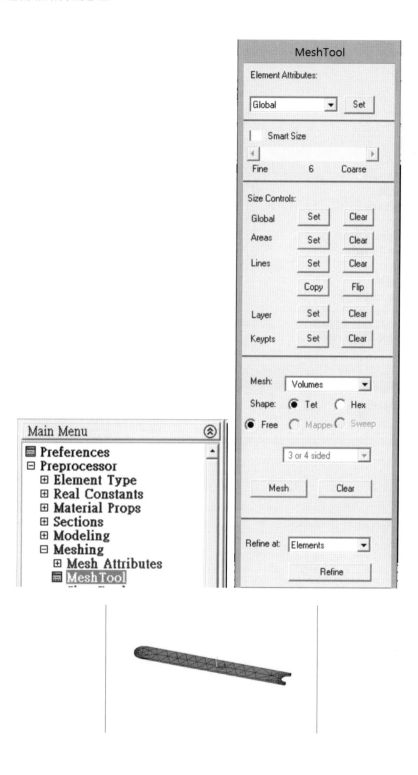

8. 設定邊界條件，選取右邊半圓弧面與邊直面，再選 ALL DOF 來固定邊界（懸臂樑模式）。

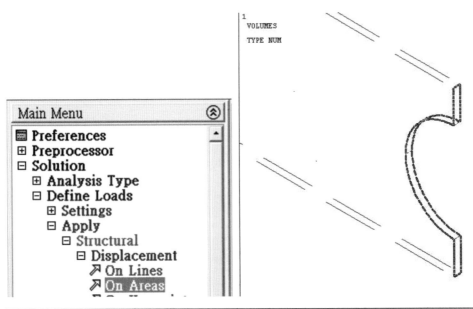

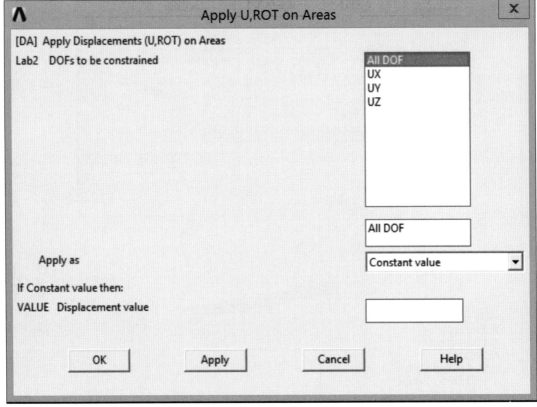

9. 產生所需要的 mp 檔，設定檔名（例如 test）與路徑。

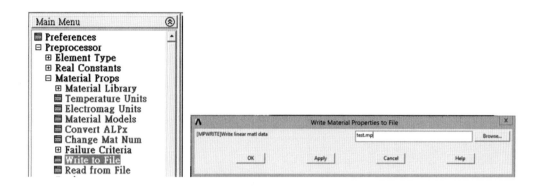

10. 進行模態 Modal 分析，設定模態分析所需參數，模態數目取 6，勾選 Elcalm 以及 LUMPM，並設定 FREQE=200Hz。

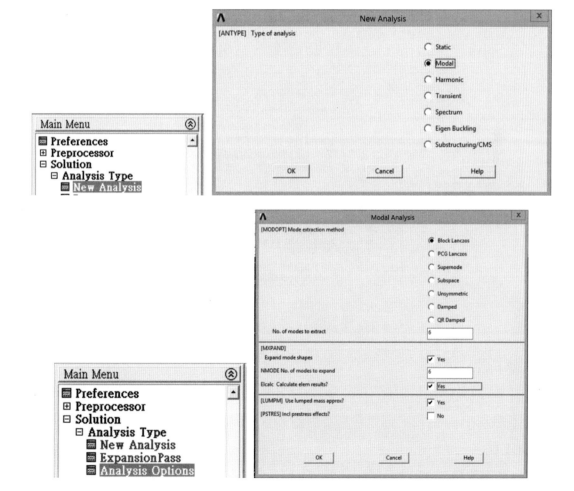

11. 按 Finish 結束目前工作。

12. 求解 Solve → Current LS，並產生所需要的 MODE 檔與 RST 檔。

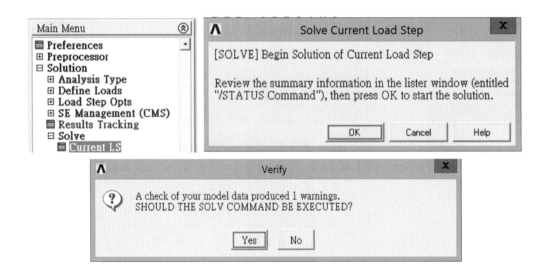

13. 再按 Finish。

14. 請注意 ANSYS 18 版以上，已經刪掉 Partial Solu 功能，要在 ANSYS 18 版以上分析出 emat 檔，則要在指令列鍵入下面的指令，就可以求解出 emat 檔。

/SOLU

EMATWRITE, YES

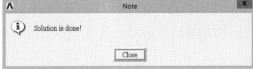

15. 再按 Finish。

16. 再求解一次，Solve → Current LS。

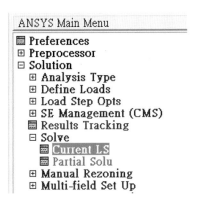

17. 已經產生所需要的四個檔案，儲存 ANSYS 檔案（Everything），並關閉 ANSYS。

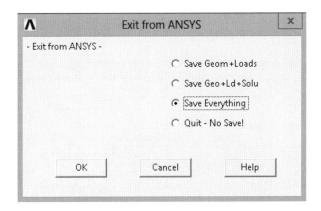

18. 結束 ANSYS 傳統介面求解之部分。

二、RecurDyn V9 之 RFlex 操作步驟與 RecurDyn 針對撓性體（柔體）分析步驟

1. 開啓 RecurDyn 軟體，設定單位。

2. 進入開始畫面。

3. 利用 Flexible → RFlex → MakeRFI，將 ANSYS 產生的檔案（*.rst, *.emat, *.mp）處理成 RFI 檔。

4. 選擇來源類型與路徑、單位、輸出檔案。

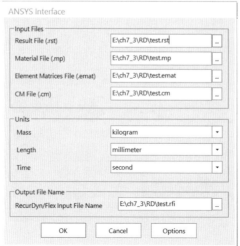

5. 處理檔案正確，出現成功訊息。

6. 利用 Flexible → Import RFI，將檔案匯入 RecurDyn。

7. 選擇檔案匯入的座標位置。

8. 選擇要匯入的檔案，選擇前面分析步驟的輸出 RFI 檔案。

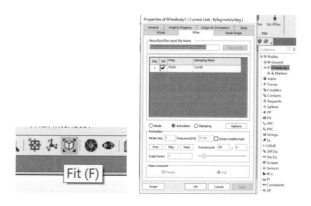

9. 按 Fit 放大撓性體模型，設定模態範圍，勾選要使用的模態個數。

10. 設定所需的接點類型與外在條件，使用 Revolute Joint。

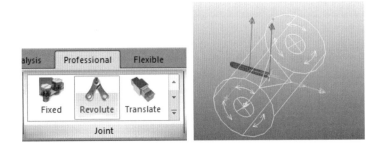

11. 進行結果分析，使用 Dyn/Kin Analysis。

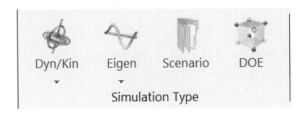

12. 設定分析結果的時間與時間間距，還有一些所需要的計算設定。

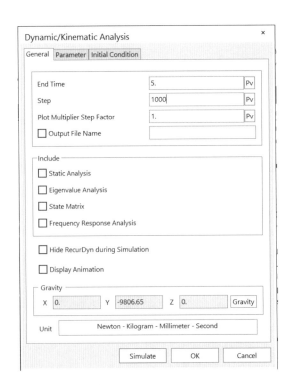

13. 系統會提示需要儲存檔案，設定要儲存的位置與檔名。

14. 求解計算完畢。

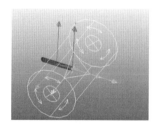

15. 點選下面工具列，來觀看結果的動畫。

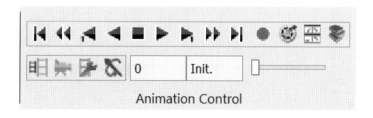

16. 顯示所需要的數值，點選 Plot Result。

17. 觀看所需要質量中心之總平移變形（Translate Magnitude）結果圖形
（FlexibleBody1-Pos_TM）。

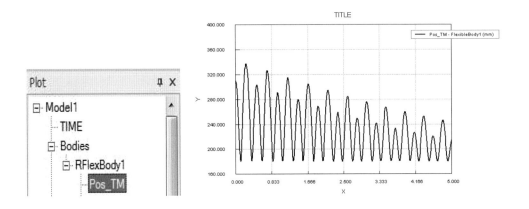

18. 觀看所需要的模態座標軸 1 變形結果圖形（FlexibleBody1-ModalCoord1）。

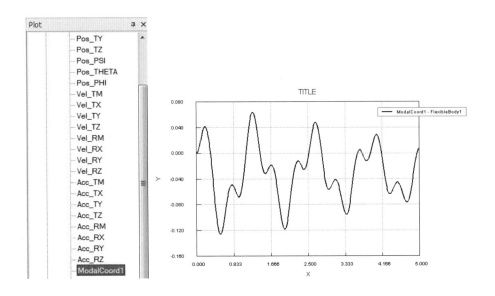

19. 觀看所需要的接點反作用總和力作用結果圖形（RevJoint1-TM_Reaction_Force）。

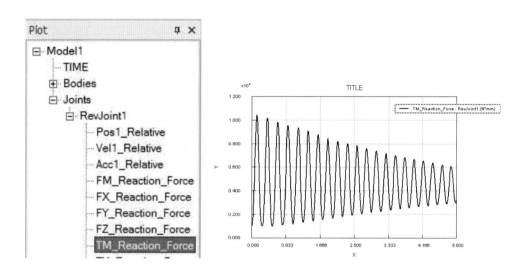

20. 驗證結果的正確性，討論和結束此範例。

三、此章節為針對 RecurDyn 以 ANSYS WorkBench 從事撓性體（柔體）分析

ANSYS WorkBench 使用步驟：

1. 開啓 Workbench 軟體。

2. 進入 Workbench 畫面，把 Modal 拉到右邊視窗。

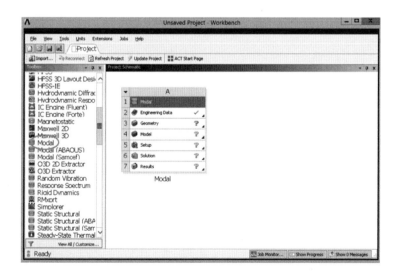

3. 將 Engineering Data 中，按右鍵選擇 Edit。

Modal

4. 新增材料，打上新名稱，再將左邊 Density 與 Isotropic Elasticity 點兩下。

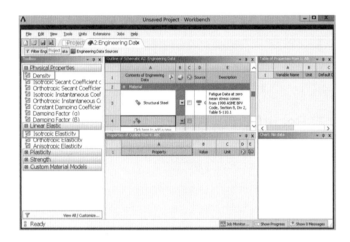

5. 輸入材料性質，楊氏係數、浦松比、密度，按 Refresh，再按 Return to project 離開。

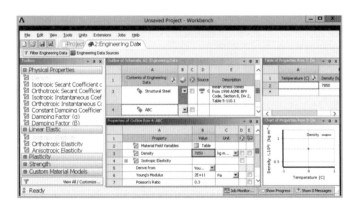

6. 右鍵點選 Geometry，再來把要分析的模型檔，按 Replace Geometry 下之 A2.sat。

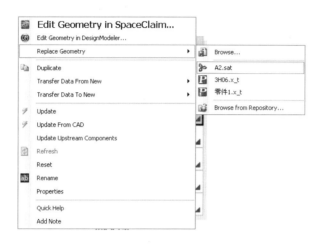

7. 在 Geometry 按右鍵點 Edit 進入，在 Import1 按右鍵點選 Generate，然後關閉這個視窗離開。

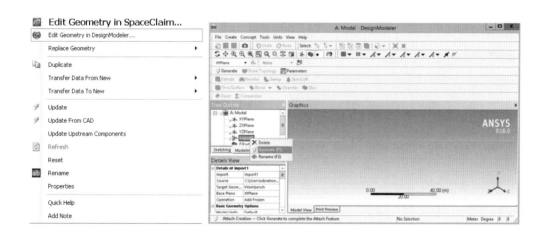

8. 右鍵點選 Model 再點選 Edit。

9. 設定零件材料（Material → Assignment）。

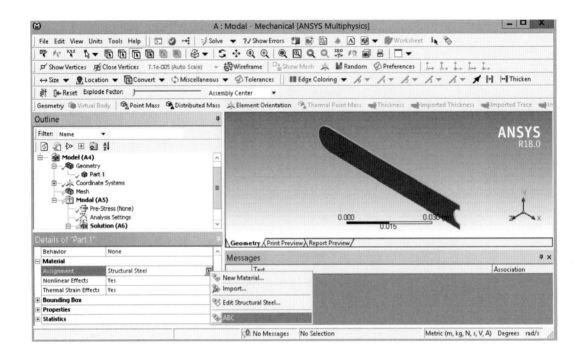

10. Mesh 按右鍵選擇 Method，下面設定零件後選擇 Tetrahedrons，在 Mesh 按右鍵點選 Generate Mesh。

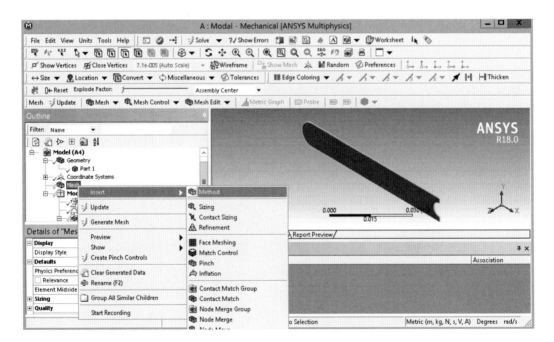

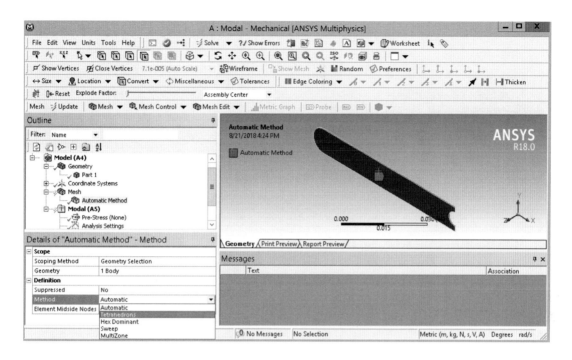

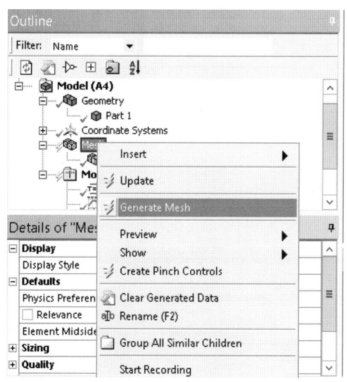

11. 設定邊界條件（Fixed Support），然後關閉這個視窗離開。

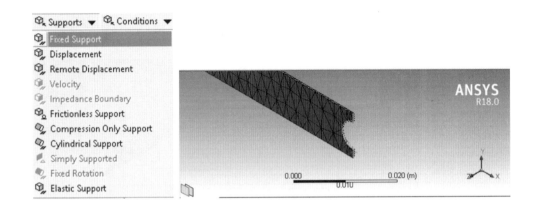

12. 在 Setup 右鍵按 Update。

13. 再把 Mechanical APDL 拉到右邊視窗。

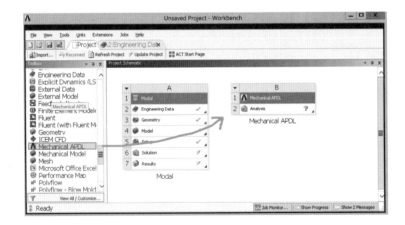

14. 把 Geometry 與 Setup 拉到 Analysis，再點右鍵按 Update。

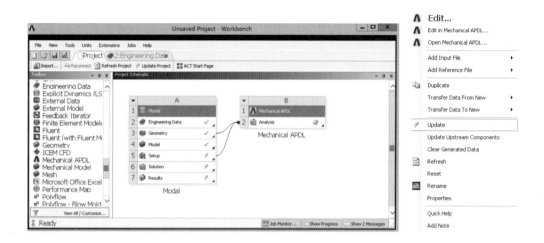

15. 先另存新檔（之後分析出的檔案要去另存新檔的地方擷取），再點選右鍵按
    Edit in Mechanical APDL，進入 ANSYS 傳統介面。

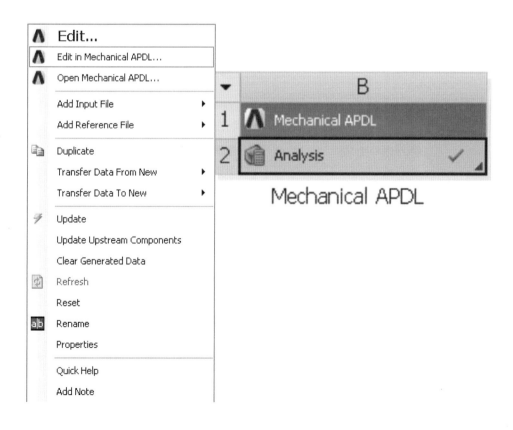

16. 產生所需要的 mp 檔，設定檔名（例如 file）與路徑。

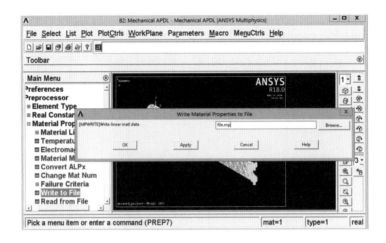

17. 進行模態（Modal）分析。

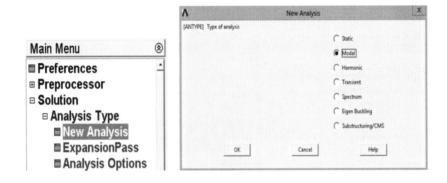

18. 設定模態分析所需參數，並設定產生所需要的 RST 檔。

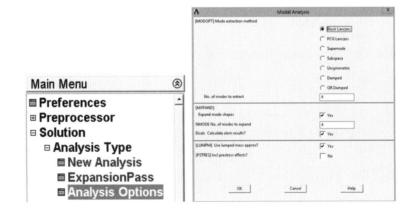

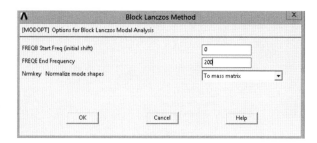

19. 按 Finish 結束目前工作。

20. 求解 Solve → Current LS，並產生所需要的 MODE 檔與 RST 檔。

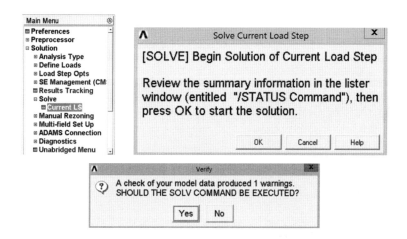

21. 再按 Finish。

22. 儲存 ANSYS 檔案，並且在 Command Window 輸入以下指令產生所需要的
EMAT 檔。

/SOLU

EMATWRITE, YES

23. 再按 Finish。

24. 再求解一次。

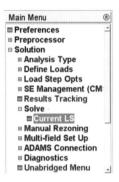

25. 已經產生所需要的四個檔案，儲存所有 ANSYS 檔案，並且關閉 ANSYS。

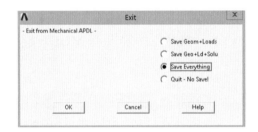

四、RecurDyn V9 使用分析步驟

1. 開啓 RecurDyn V9 軟體，設定單位。

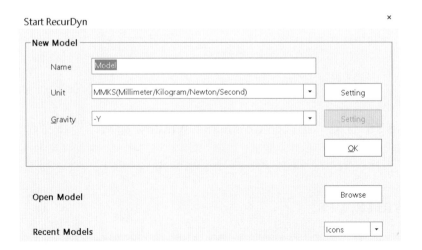

2. 進入開始畫面。

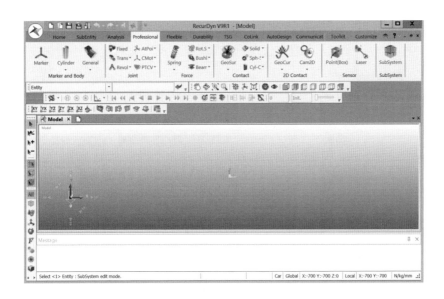

3. 利用 Flexible → Make RFI，將 ANSYS 產生的檔案處理（舊版 RD 需要 Mode 檔，新版已經不用匯入 Mode 檔，多了 CM 檔匯入列，沒有匯入 CM 檔也可以繼續 RecurDyn 分析）。

4. 選擇來源類型與路徑、單位、輸出檔案。

ANSYS Interface

Input Files	
Result File (.rst)	C:\Users\vibration\Desktop\A2_fil...
Material File (.mp)	C:\Users\vibration\Desktop\A2_fil...
Element Matrices File (.emat)	C:\Users\vibration\Desktop\A2_fil...
CM File (.cm)	C:\Users\vibration\Desktop\A2_fil...

Units	
Mass	kilogram
Length	centimeter
Time	second

Output File Name	
RecurDyn/Flex Input File Name	C:\Users\vibration\Desktop\A2_...

OK　　　Cancel　　　Options

5. 處理檔案正確，出現成功訊息。

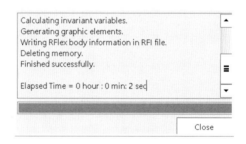

Calculating invariant variables.
Generating graphic elements.
Writing RFlex body information in RFI file.
Deleting memory.
Finished successfully.

Elapsed Time = 0 hour : 0 min: 2 sec

Close

Message
RecurDyn RFlex input file(RFI) was successfully created.

6. 利用 Flexible → Import RFI，將檔案匯入 RecurDyn。

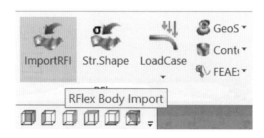

ImportRFI　Str.Shape　LoadCase　GeoS ▾　Cont ▾　FEAE ▾

RFlex Body Import

7. 選擇檔案匯入的座標位置。

8. 選擇要匯入的檔案，選擇前面步驟 Make RFI 所產生的輸出檔案。

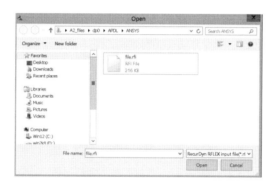

9. 設定模態範圍，選擇要使用的模態。

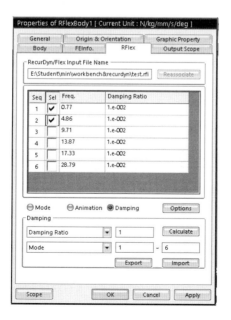

10. 設定所需的接點類型與外在條件，使用 Joint → Revolute，輸入座標 (65,295,0)。

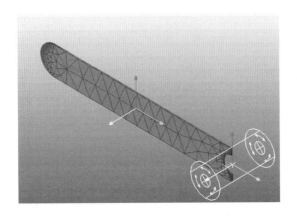

11. 進行結果分析，點選 Dyn/Kin Analysis。

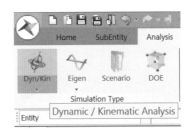

12. 設定分析結果的時間與時間間距，還有一些所需要的計算設定。

13. 系統會提示需要儲存檔案，設定要儲存的位置與檔名。

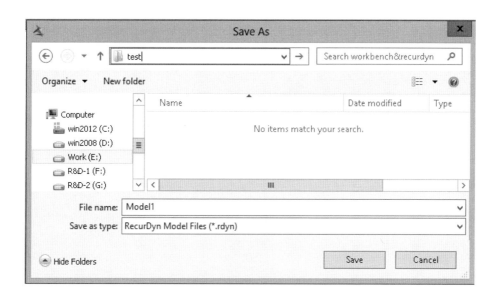

14. 求解計算完畢。

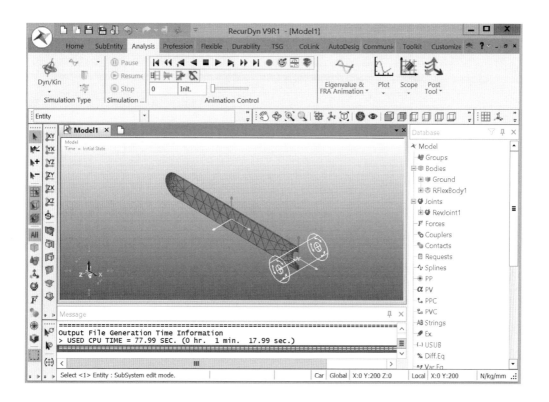

15. 點選下面工具列，來觀看結果的動畫。

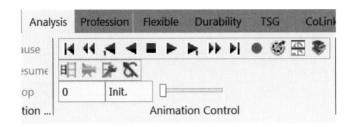

16. 顯示所需要的數值，點選 Plot Result。

17. 進入 Plot Result 的畫面。

18. 觀看所需要的結果圖形（FlexibleBody1-Pos_TM）。

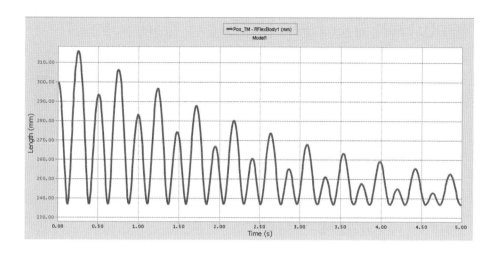

19. 觀看所需要的結果圖形（RevJoint1-FM_Reaction_Force）。

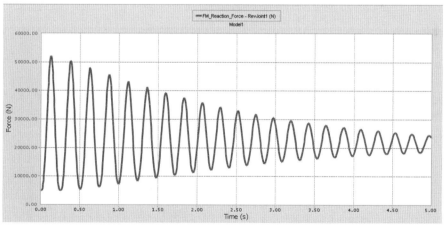

20. 驗證結果的正確性。

21. 討論和結束此部分 (ANSYS/WorkBench 與 RecurDyn V9 連接完成）。

7.2 RecurDyn 之 FFlex 撓性體（柔體）分析

在本範例中，吾人運用 ANSYS 有限元素分析軟體與 RecurDyn 軟體模擬一個撓性體（柔體）分析動力學問題。將 ANSYS/WorkBench 所產生之 cdb 網格檔案與 RecurDyn 中的 FFlex 相互連結，主要目的是從事撓性體（柔體）動態分析，所需使用的軟體包括 ANSYS 18 之版本以及 RecurDyn V9 之版本。

一、在 ANSYS/WorkBench 中來產生「檔名 .cdb」檔案

1. 進入 Static Structural，點選 Model。

Static Structural

2. 進入 Mesh，點選 Mesh Control 裡的 Method。

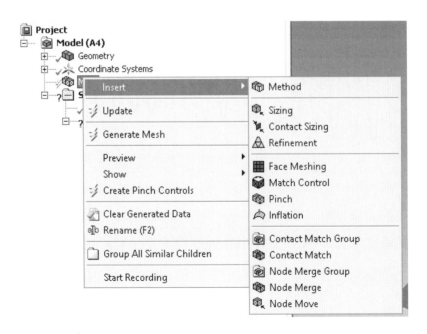

3. 請先下載 plate 模型從 http://140.130.17.36/software/RD/plate.zip，然後在
Details of "Automatic Method" – Method 中，選 Geometry，在頁面選擇 plate.
x_t，然後按 Apply，最後在 Method 中，點選 Tetrahedrons。

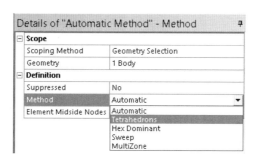

4. 點選 Mesh 裡的 Generate Mesh。

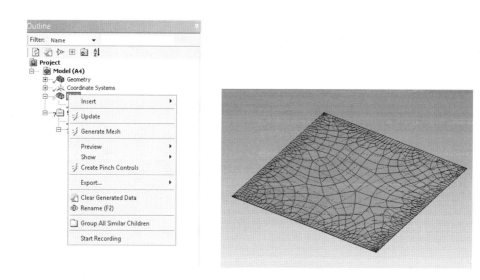

5. 按 Static Structural (A5)，點選 Insert Commands。

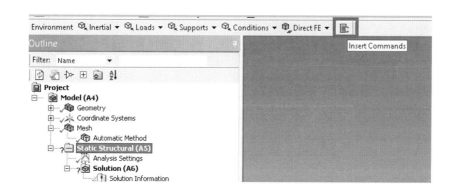

6. 輸入程式。

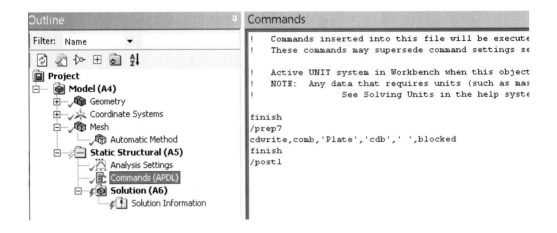

7. 存檔。

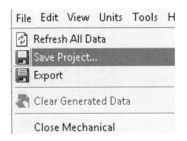

8. 按 Solution (A6)，點選 Solve。

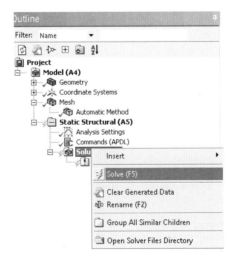

9.記錄並且進入所儲存的地方（子目錄）。

Name	Date modified	Type
CAERep	2018/8/21 下午 03...	XML File
CAERepOutput	2018/8/21 下午 03...	XML File
ds	2018/8/21 下午 03...	KMP - MPEG Mov...
file0.err	2018/8/21 下午 03...	ERR File
MatML	2018/8/21 下午 03...	XML File
Plate.cdb	2018/8/21 下午 03...	CDB File
solve	2018/8/21 下午 03...	MoldDesignFileHa...

二、匯入 RecurDyn 模擬仿真分析

1.點選 Flexible → FFlex，進去後按 Import。

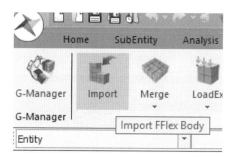

2.點選座標點（0，0，0）。

3. 開啓檔案，把右下的檔案格式點選 ANSYS file(*.cdb)，點選先前產生的 cdb 網格檔案。

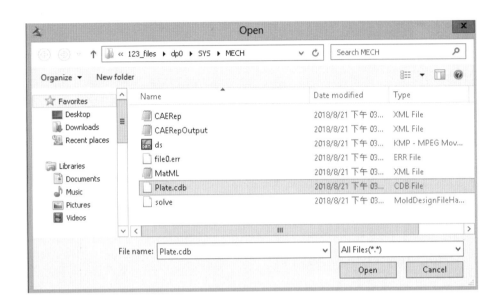

4. 設定 FFlexible Body，然後按 OK。

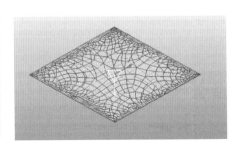

5. 選 FFlexBody1，按右鍵，點選 Edit。

6. 進入後，點選 B.C（邊界條件）。

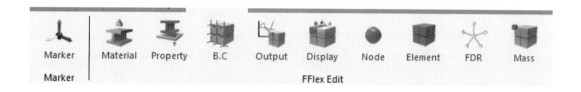

7. 改變方框 1 之設定，然後按方框 2，將平面一邊設為固定邊。

B.C. [Current Unit : N/kg/mm/s/deg]

General	Boundary Condition

Type [Clamped ▾] **1** Color [Automatic ▾]

- ☑ X [0.] Pv
- ☑ Y [0.] Pv
- ☑ Z [0.] Pv
- ☑ RX [0.] Pv
- ☑ RY [0.] Pv
- ☑ RZ [0.] Pv

☑ Use Body Reference Frame instead of Reference Marker

Reference Marker [ ]

[Add/Remove]

2

[Add/Remove (Continuous)] Tolerance (Degree) [45]

☐ Check Reverse Direction

No. of Nodes [0]

[OK]　[Cancel]

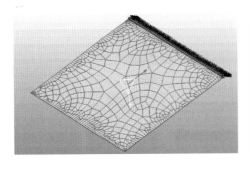
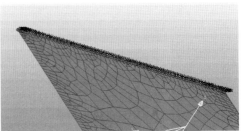

8. 按滑鼠右鍵，點選 Finish Operation，然後按 OK。

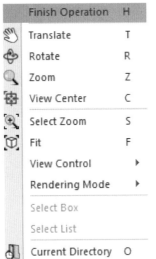
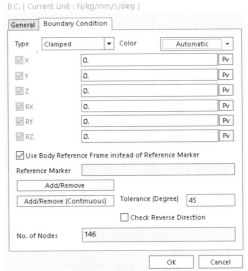

9. 完成後如下圖所示。

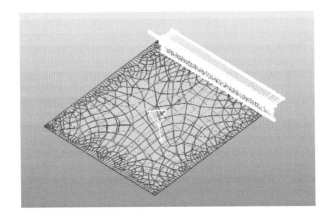

10. 選 FFlexBody1，進入 Edit，然後點選 Set 裡的 Patch。

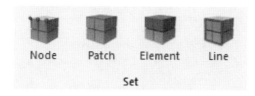

11. 進入 Patch 後，按 Add/Remove。

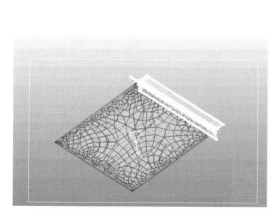

12. 選取整個平面，選取完後，按滑鼠右鍵，點選Finish Operation，然後按OK。

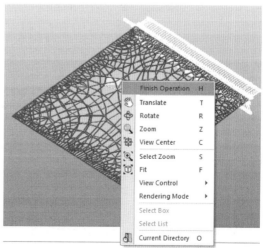

Patch Set [Current Unit : N/kg/mm/s/deg]

General | External Patch Set

Color   Automatic

Add/Remove

Add/Remove (Continuous)   Tolerance (Degree)   45

☐ Check Reverse Direction

Add/Remove (Select Front)

Add (Node Set)

☐ Preview Normal

Normal Adjust

Automatic   Auto Adjust   Switch

Manual   Select Target   Switch

No. of Patches   1593

OK   Cancel

13. 按 Exit，離開編輯模式。

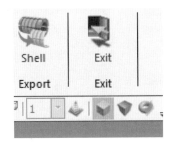

14. 點選 Professional 裡面的 Body，然後點選圓球（Ellipsoid）。

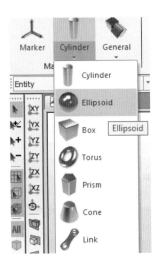

15. 選取點（0，0，0）。

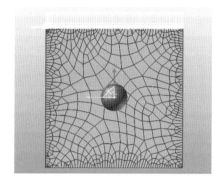

16. 設置 Distance = 25。

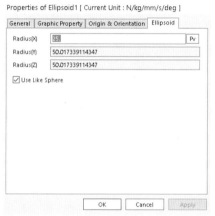
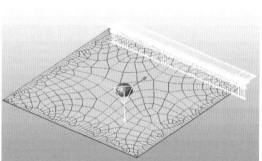

17. 選圓球。

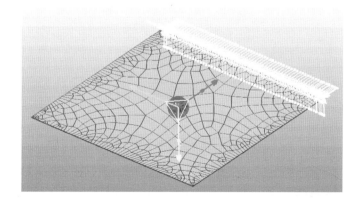

18. 進入編輯圓球，按 Translate，把 Offset Value 輸入 300，然後按 +Y。

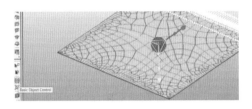

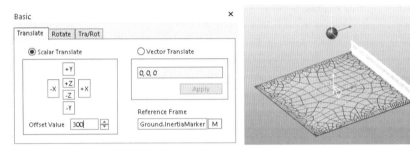

19. 按 Flexible，在 FFlex 裡，點選 Contact 裡的 Sphere To FSurface。

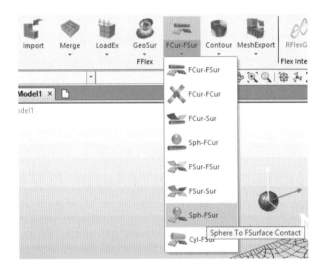

20. 然後按表單裡的 PatchSet, Sphere。

21. 點選圓球中心，再按平板任一個地方，完成後，如下圖所示。

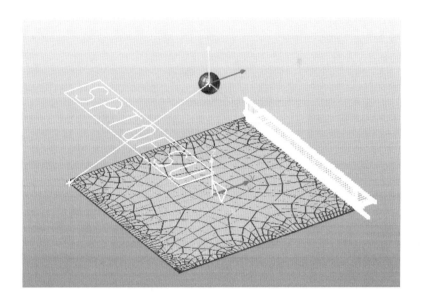

22. 點選 Analysis ，然後按 Simulation Type → Dyn/Kin。

後處理觀察結果（Viewing Results）：

23. 點選平板後，再點選 Contour 裡的 Contour。

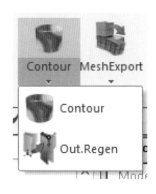

24. 編輯方框 1 至方框 3 這三個地方（觀看變形情況）。

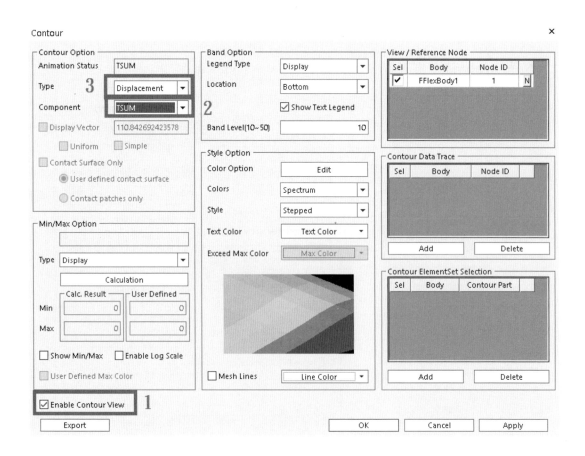

25. 呈現結果及動畫。

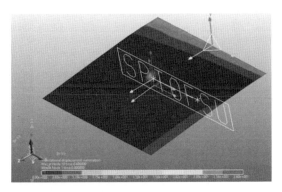

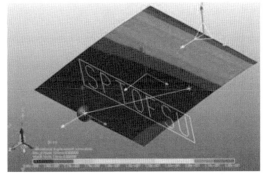

2 秒時之位移變形圖　　　　　　6 秒時之位移變形圖

7.3 RecurDyn 之 MESHER 與 FDR 撓性體（柔體）分析

在本範例中，吾人運用 RecurDyn 軟體模擬一個撓性體（柔體）分析動力學問題。將 RecurDyn 中的 MESHER 產生之網格檔案與 FDR 相互連結，主要目的是從事撓性體（柔體）動態分析，所需使用的軟體包括 RecurDyn V9 之版本。MESHER 與 FDR 設定分析步驟：

1. 匯入（Import）前述模型（http://140.130.17.36/software/RD/A2.zip）。

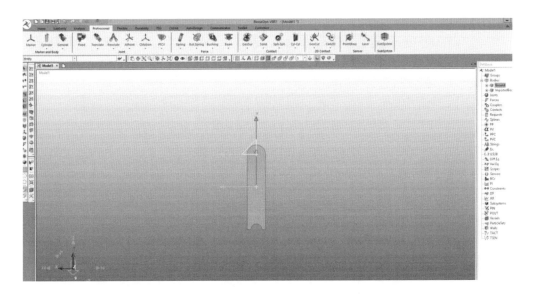

2. 按 Mesher > 再點選匯入模型 > Yes。

3. 進入後 > 按 Mesh。

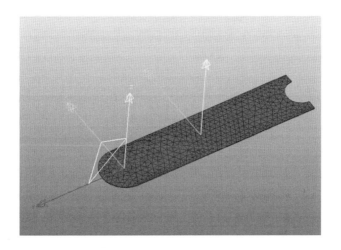

4. 設定 Patch 面，選擇要設定的面，再按 Finish Operation。

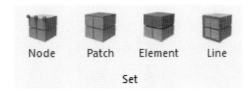

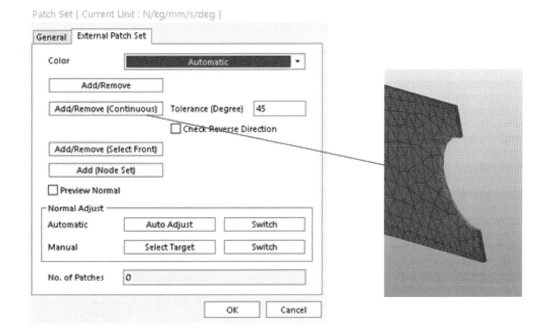

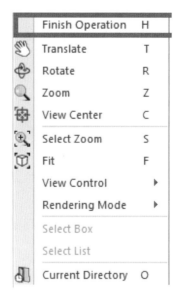

5. 設定 Node，選擇剛設定的 Patch 面。

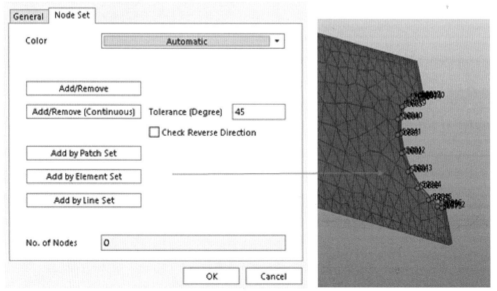

6. 新增一個 Node 點，點選 N 輸入模型之半圓弧圓心為座標點。

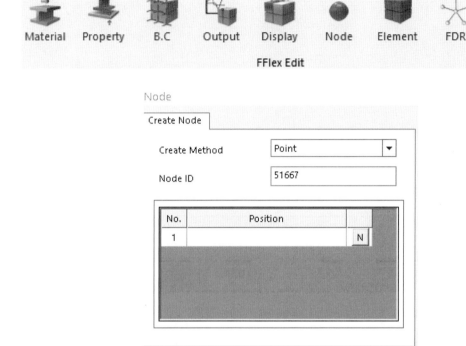

7. 設定 FDR。

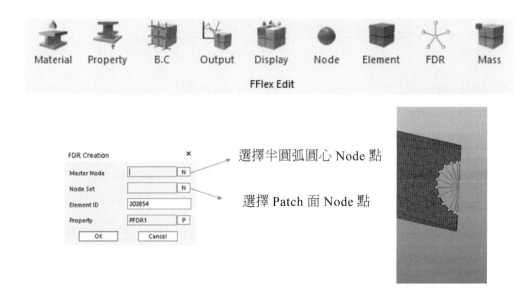

選擇半圓弧圓心 Node 點

選擇 Patch 面 Node 點

8. 設定完成後，點選 Exit 離開。

9. 設定旋轉接點。

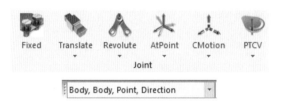

先點選模型 > 在空白處點選 Ground > 選擇圓心 Node 點 > 方向為 Z 軸。

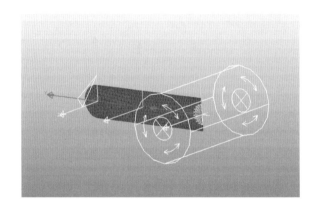

10. 設定 Motion，在設定的旋轉接點名稱上按右鍵點選 Property。

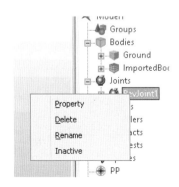

11. 勾選 Motion，點選 Motion 進入。

Properties of RevJoint1 [Current Unit : N/kg/mm/s/deg]

General | Connector | Joint

Type　Revolute

Motion
☑ Include Motion　　　Motion

Initial Conditions
Position (PV:R)　0.　Velocity (R/T)　0.
☐ Include Initial Conditions　☐ Strict Initial Conditions

Friction
☐ Include Friction　　◉ Sliding　　○ Sliding & Stiction

Force Display　Inactivate

Scope　OK　Cancel　Apply

12. 設定旋轉角速度的值與方向（＋：CCW）。

Motion

Motion

Type　Standard Motion

Initial disp.
Velocity (time)　0.0　Pv

Expression
Name　Ex1　EL
Expression

1

OK　Cancel　Apply

13. 分析（Dyn/Kin Analysis）。

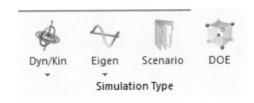

14. 觀看結果應力、應變之變化。

　　先選擇 FFlex 之 Contour 進入設定 Calculation，然後勾選 Enable Contour
　　View，再點選 Export。

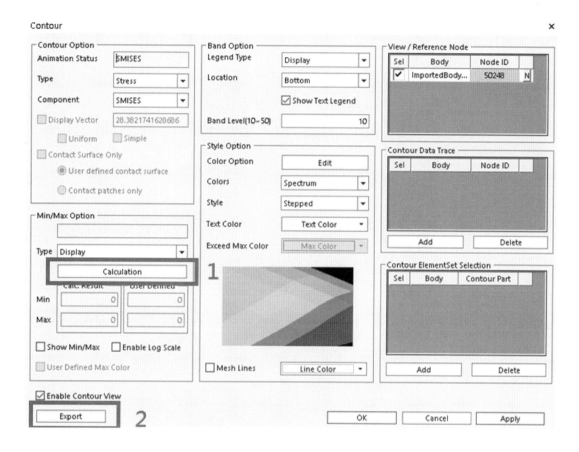

15. 播放結果動畫。

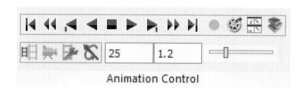

Animation Control

7.4 RecurDyn 之 DFRA 直接頻率響應分析

在本範例中，吾人運用 RecurDyn 軟體模擬一個直接頻率響應分析動力學問題。將以尋求在預定點處找到各種頻率的諧波響應，在預選節點處以頻率繪製幅度和相位。主要目的是從事振動動態分析，所需使用的軟體包括 RecurDyn V9 之版本。

1. 單擊「Home」選項「Model Setting」上的「Gravity」（更改為 -Z 方向）。

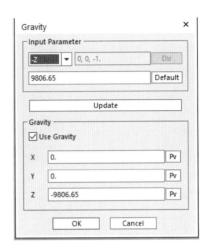

2. 準備模型：導入（Import）FRA.x_t 模型（http://140.130.17.36/software/RD/ FRA.rar）。

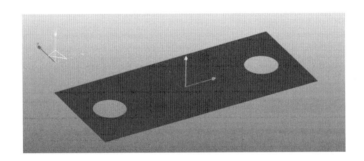

3. 按右鍵，選擇網格（Mesh）。

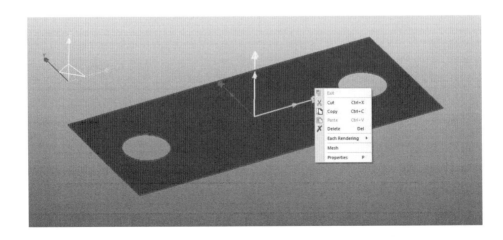

4. 單擊「Mesher」模組上的「Mesh」。

5. 按「Mesher」選項模組上的「Patch」，分別點選兩個孔。

Patch Set 1（左孔）

Patch Set 2（右孔）

6. 按「Mesher」的「FFlex Edit」模組上的「Node」（創建 2 個新節點作為 FDR 的參考點）。

Node 1 點座標（100,-150,-100）

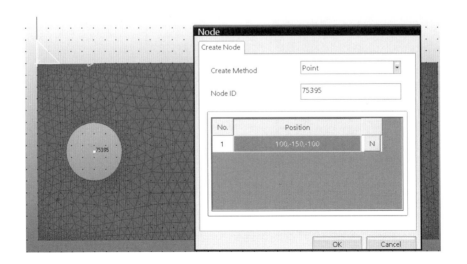

Node 2 點座標（600,-150,-100）

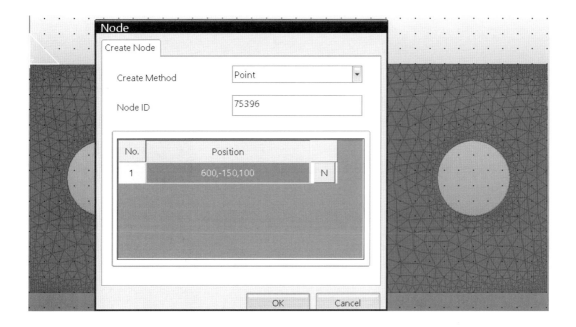

7. 在「Mesher」的「FFlex Edit」模組上按「FDR」，設定完成後點選 Exit。

FDR 1（左孔）

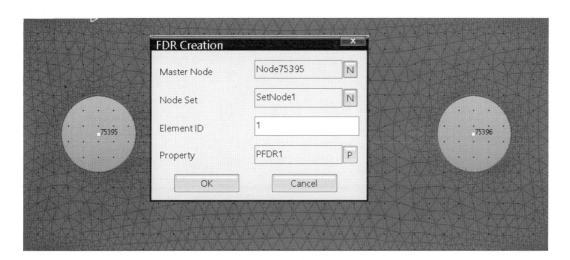

FDR 2（右孔）

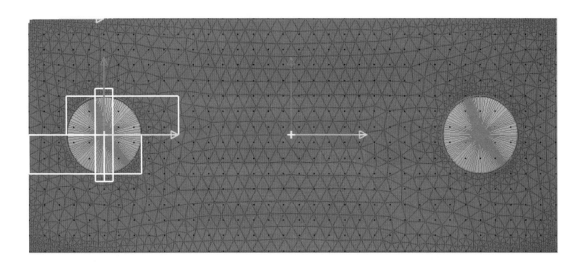

8. 單擊「Translate」在 FDR1 處創建 Body 和 Ground 之間的 Fixed 接點。

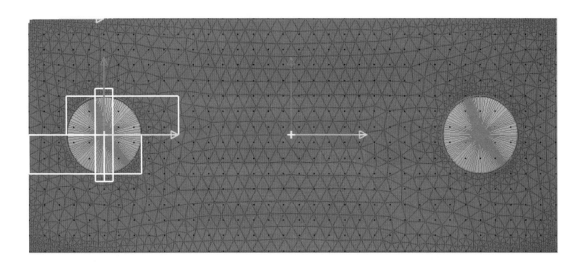

9. 在 Node 上增加集中負荷力作為 DFRA 之輸入值，點選 FFlex 模組中之 LoadEX。

Flex Concentrated Loads

Load Type	Uniform
Node Set	ImportedBody1_FE.SetNode2　N

Expression

FX	EL	
FY	EL	
FZ	EL	
TX	EL	
TY	EL	
TZ	EL	

Reference Marker	Ground.InertiaMarker	M

OK		Cancel

10. 對板件點兩下，進入 FFlex Edit 模式，點選 Output 以定義 DFRA 之輸出值。

我們可以選取任意節點（Node）來觀察其響應，如下圖所示：

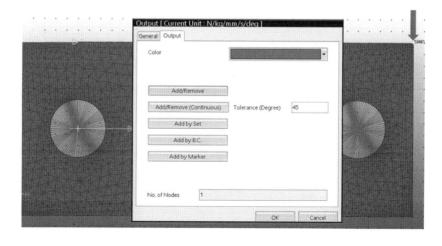

然後點選 Exit。

11. 點選 FRA 模組中之 Exc.FFlex。

點選 Add，勾選 UZ，點選後方的 Pv，然後 Create 函數（本範例為常數 10），按 OK 四次。

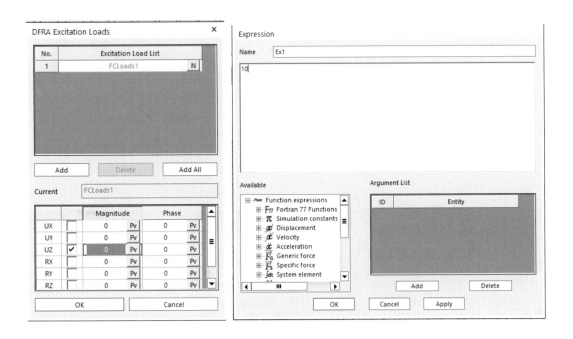

12. 在 Simulation Type of Analysis 選項模組上按 FRA。

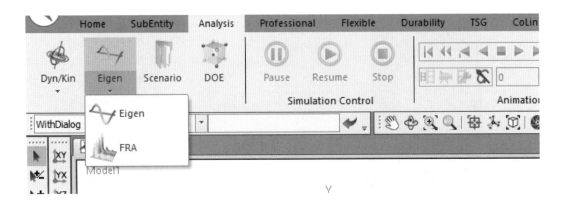

Frequency Response Analysis ✕

Frequency Response Analysis

⦿ FFLEX (Direct Frequency Analysis)　　　○ MBD/ RFLEX

Start Frequency (Hz)　　　0.1　　　PV

End Frequency (Hz)　　　1000.　　　PV

Step　　　100.　　　PV

☑ Logarithmic Step

MBD/ RFLEX

Animation Frame　　　30.

Amplitude Factor　　　1.

Max Number of Mode　　　10.

☑ Include System Damping

☐ Include State Matrix

Unit　　　Newton - Kilogram - Millimeter - Second

Simulate　　OK　　Cancel

13. 結束分析與觀察結果，點選 Result 下的 FRA。

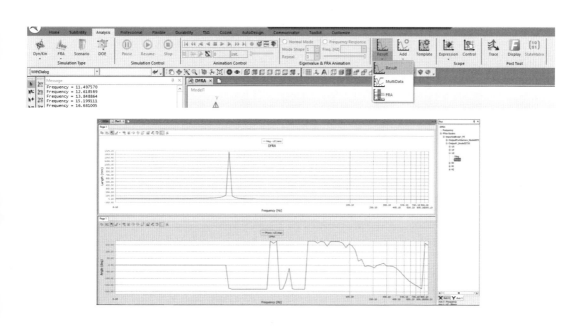

第 **8** 章

多體系統之控制分析

8.1 RecurDyn/Colink 控制分析

在本範例中，吾人運用 RecurDyn 軟體中的控制分析模組 Colink 來進行與模擬仿真一個多體系統——倒單擺之動力學控制分析問題 [29]。

1. 開啟檔案（inverse_pendulum_i.rdyn）。

http://140.130.17.36/software/RD/inverse_pendulum_i.rar

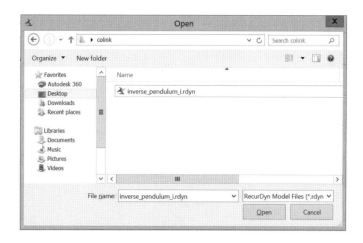

2. 設定軸向力 Professional → Force → Axial 選用 Body, Body, Point, Point，先點選地面再點車子。

3. 軸向力設定完成圖。

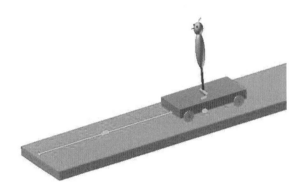

4. 點選 Colink。

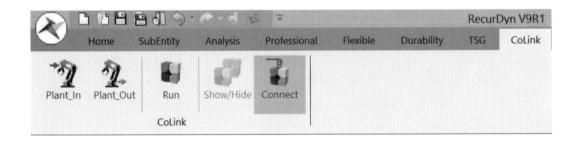

5. 點選 Colink 的 Plant_In，進入 Plant Input List 後，點選 Add，然後將 PlantInput1 之名稱設定為 control_force，最後按 OK。

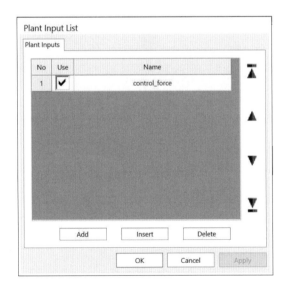

6. 點選 Colink 的 Plant_Out，進入 Plant Output List 後，點選 Add。

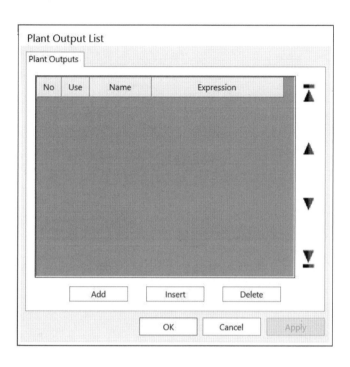

7. 進入 Expression 後，在 Argument List 點選 Add 兩次，將倒單擺的旋轉接點連
接的兩物體加入 ID1 與 ID2 後，再以方塊輸入「AZ(2,1)」。

8. 輸入完成後的 Plant Output。

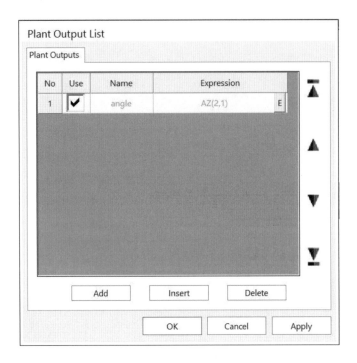

9. 點選 Revolute 接點，按右鍵選擇 Properties，並輸入 Position 數值假設為 1。

10. 將右方主目錄 Axial 快點兩下。

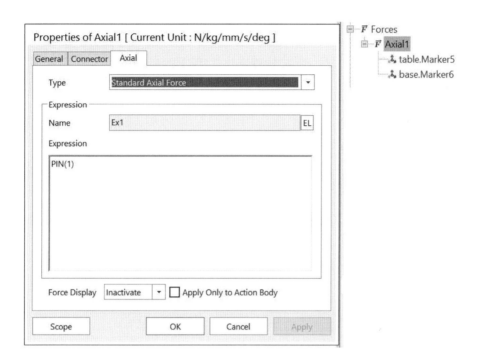

11. 點選 EL 後，再點 Insert，將設定好的 control_force 加入 ID1。

12. 設定好 control_force 後，輸入 PIN(1)。

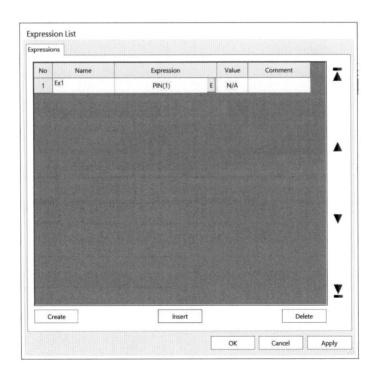

13. 設定完成。

14. Axial 設定完成。

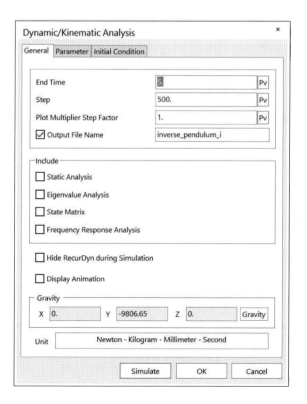

15. 點選 Analysis → Dyn/Kin 再按 OK。

16. 點選 Colink → Connect。

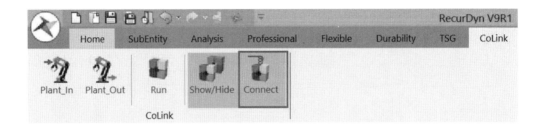

17. 再一次點選 Colink，然後點選 Run。

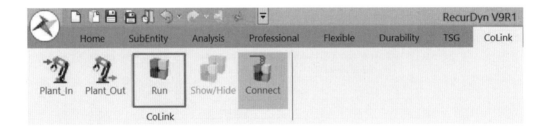

18. 下面開始皆為 Colink 設定。

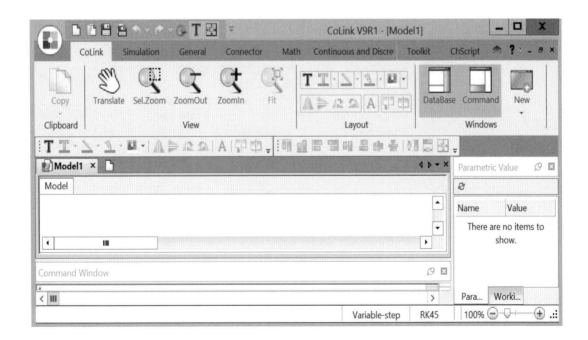

19. 點選 Connector，將 RecurDyn 拉進主畫面。

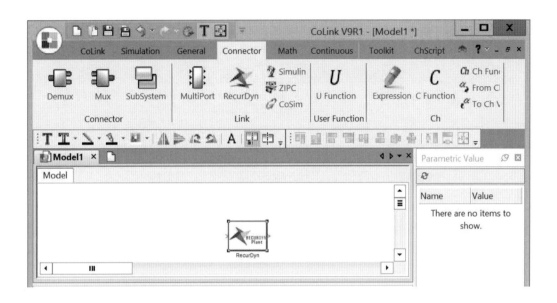

20. 點選 Math → Sum，再快點選 Sum 兩下，將「++」改成「---」。

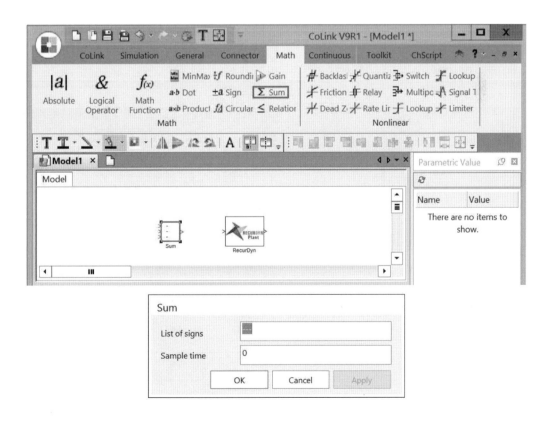

21. 點選 Math → Gain，Gain 加入 3 次（或 Gain 加入一次按 Ctrl+c，再按 Ctrl+v 兩次）。

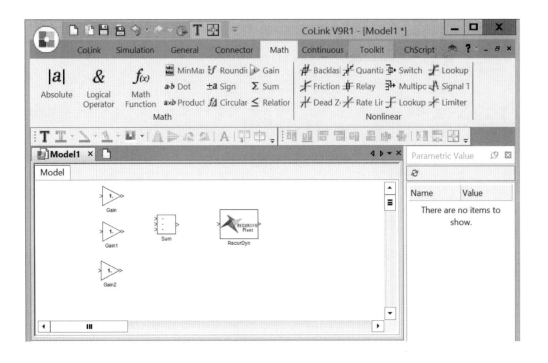

22. 點選 Continuous and Discrete → Integrator 如下圖所示。

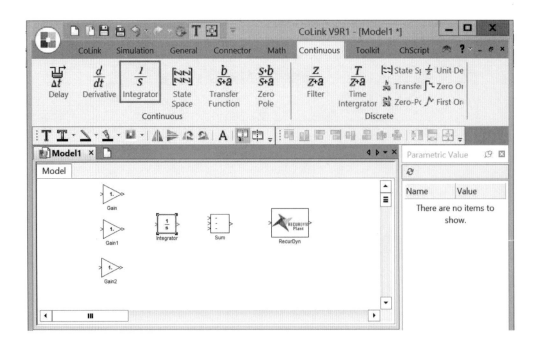

23. 點選 Continuous and Discrete → Derivative 如下圖所示。

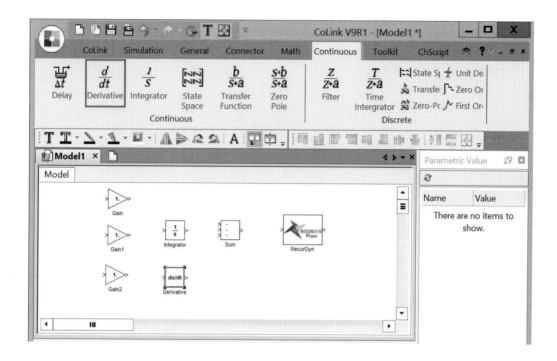

24. 將先前設定好的方塊如下圖所示連接起來。

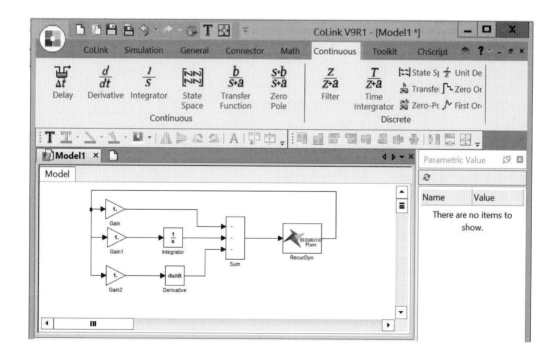

25. 快點兩下，將 Gain 原本數值改成 200，Gain1 保持 1，Gain2 改成 5。

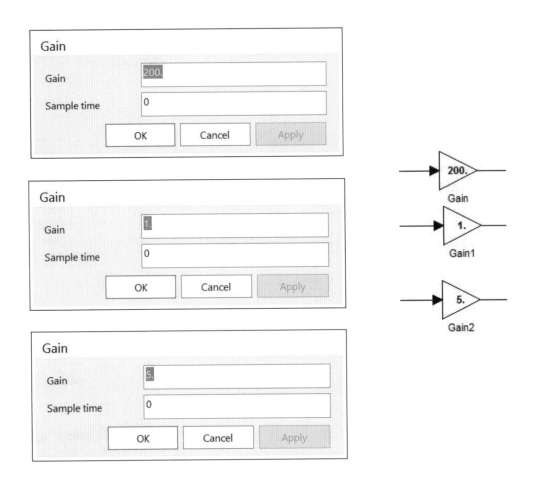

26. 修改完成後如下圖所示。

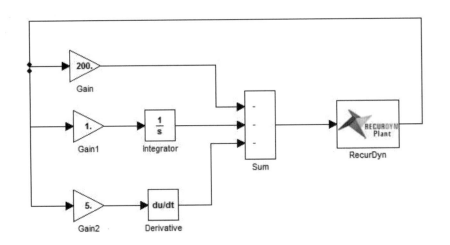

27. 設定完成後存檔。

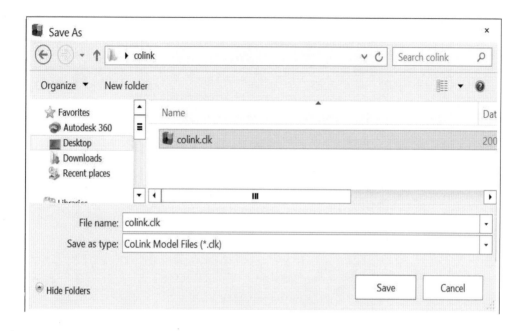

28. 點選 Simulation，將 Type Solver 改成 RecurDyn。

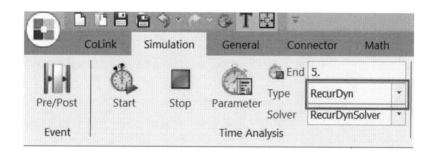

29. 點選 Simulation → Start，請特別注意！CoLink 介面千萬不能關掉。

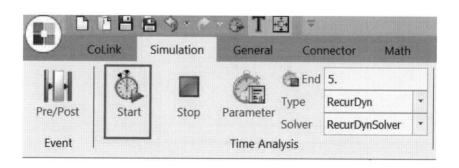

30. 回到 RecurDyn 操作介面，點選 Analysis → Dyn/Kin，再按 Simulate。

31. 最後可以得到分析模擬仿真結果，如下圖所示。

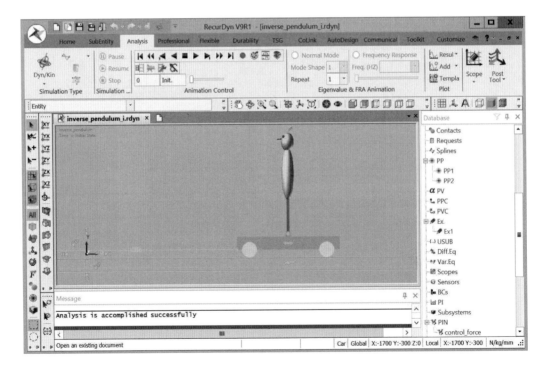

32. 軸向力的變化圖。

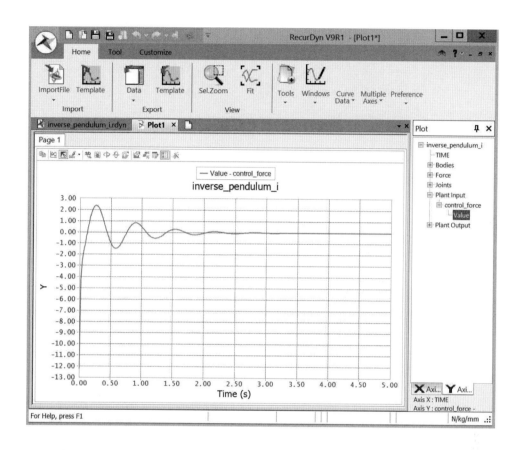

33. 可以從事其他後處理工作或結束分析。

8.2 倒單擺控制分析：RecurDyn-MATLAB/Simulink

在本範例中，吾人運用 RecurDyn 軟體中的控制分析模組 Communicator 與 MATLAB/Simulink 來模擬仿真一個多體系統——倒單擺之動力學控制分析問題 [29]。

一、In RecurDyn

1. 開啓檔案（inverse_pendulum.rdyn）。

http://hwang.nfu.edu.tw/software/RD/inverse_pendulum.rdyn

2. 設定軸向力 Professional → Force → Axial。

3. 選取 Body, Body, Point, Point 項目，Body 選地面，Body 選車子，Point (2000,-100,0), Point (-500,-100,0)。

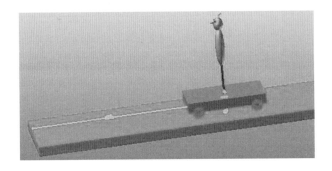

4. 點選 Analysis → Dyn/Kin 再按 OK。

4. 點選 Communicator → Plant_In，按一下 Add 按鈕。

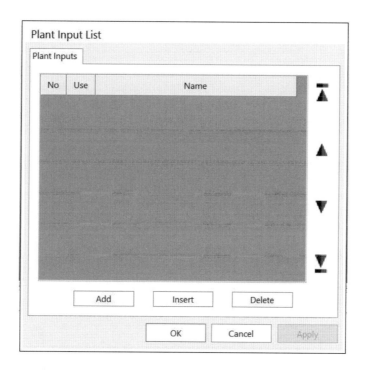

5. 設定 control_force 為系統的輸入廠（由控制迴路所決定），按一下 OK 按鈕。

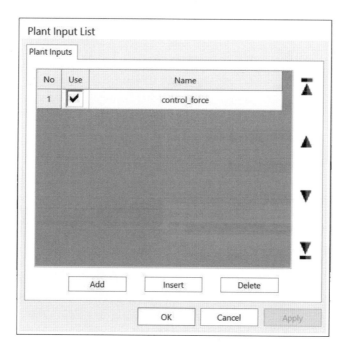

6. 點選 Communicator → Plant_Out。

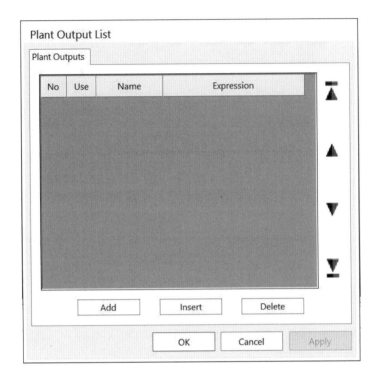

7. 按兩下 Add 按鈕。

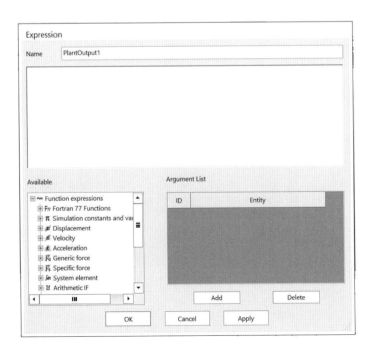

8. 進入 Expression 後點選 Add 兩次，將倒單擺的旋轉接點連接的兩物體加入 ID1 與 ID2 後，再以方塊輸入「AZ(2,1)」。

9. 輸入完成後的 Plant Output。

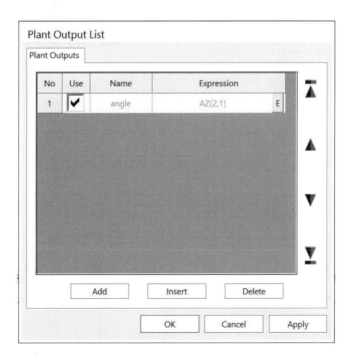

10. 點選Revolute 接點再按右鍵選擇Properties，並且輸入Position 數值假設為1。

11. 將右方主目錄 Axial 快點兩下。

12. 點選 EL。

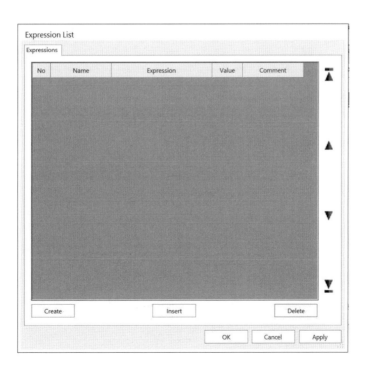

13. 開啟 Expression List 對話方塊，按一下 Create 按鈕。

14. 開啓 Expression 對話方塊，按一下 Add 按鈕。

15. 設定好 control_force 後，輸入 PIN(1)。

16. Axial 設定完成。

17. 點選 Communicator → Simulink. 在 Host Program 選 Simulink。

18. 輸出 matlab*.m 檔案，選取 m-file to create plant block 文字方塊，輸入
    inverse_pendulum，按一下 Export 按鈕。

19. 儲存 inverse_pendulum.rdyn 檔，關閉 RecurDyn 軟體。

二、In MATLAB

1. 載入 inverse_pendulum.m。

2. 鍵入 rdlib，rdlib 是 RecurDyn plant 控制，按 enter 鍵。

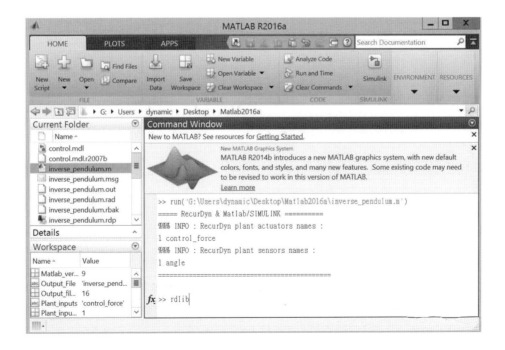

3. RecurDyn_Client_Block_9_0 視窗開啓。

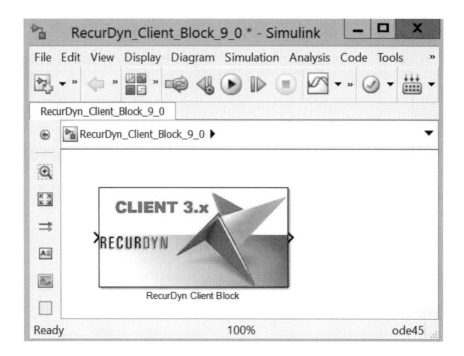

4. 點選 Home → Simulink。

5. 點選 Blank Model，untitled – Simulink 視窗開啓。

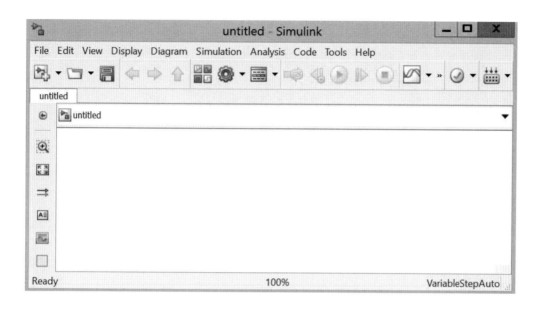

6. 點選 Library Browser，Simulink Library Browser 視窗開啓。

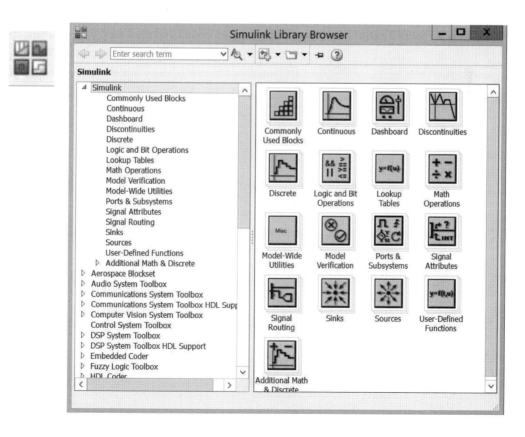

7. 拉進 RecurDyn Client Block 於 untitled 檔之中，選取 Simulink 選項，將用以建立 PID 迴路去控制軸向力大小，讓單擺可以從事動平衡。

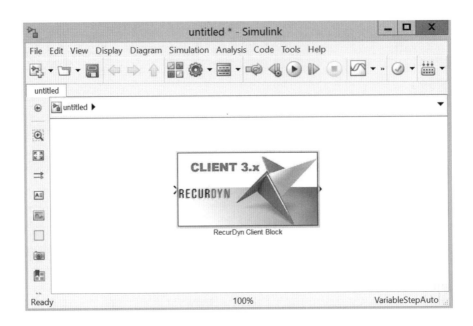

8. 點選 Simulink → Simulink Library Browser → Commonly Used Blocks，拉 Gain 圖案進來，按 Ctrl+c 鍵。

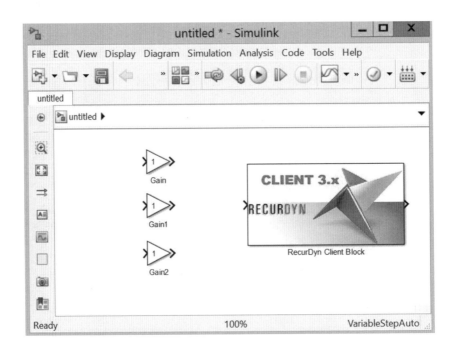

9. 選取選項 Simulink → Simulink Library Browser → Continuous → Derivative & Integrator 圖案。

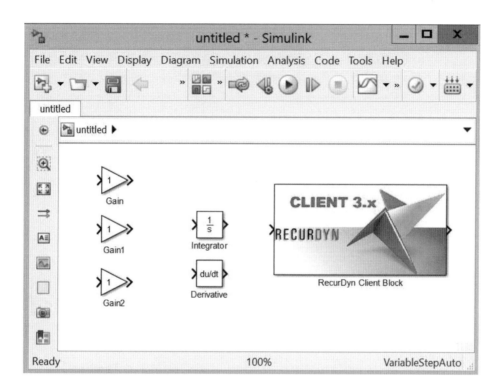

10. 選取項目 Simulink → Simulink Library Browser → Math Operations → Add 圖案。

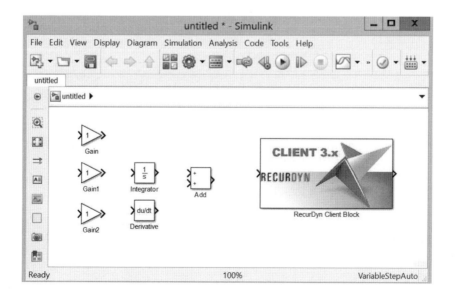

11. 選取項目 Simulink → Simulink Library Browser → Commonly Used Blocks
→ Scope 圖案。

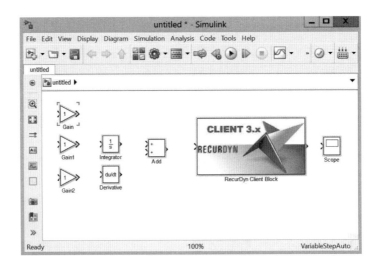

12. 按 Add 圖案快按兩下，Function Block Parameters：Add 視窗開啓，將 ++ 改
成 ---，按一下 OK 按鈕。

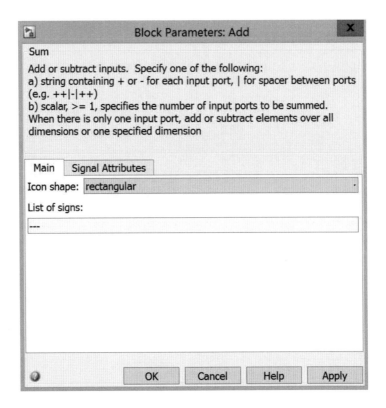

13. 連接線至彼此相關之區塊模組。

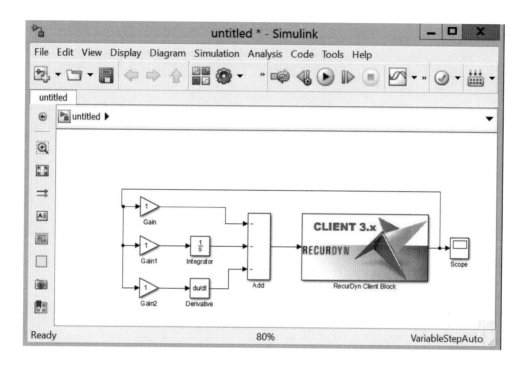

14. Gain 圖案快按兩下，Function Block Parameters：Gain 視窗開啓，將 1 改成
    200，按一下 OK 按鈕。

15. Gain2 圖案快按兩下，Function Block Parameters：Gain2 視窗開啓，將 1 改成 5，按一下 OK 按鈕。

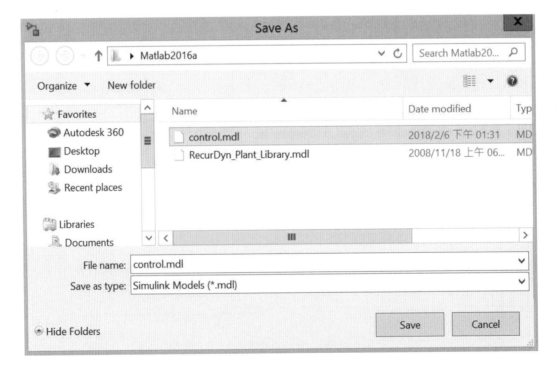

16. 按一下 Save（Ctrl+s）按鈕，輸入 control 檔名，按 Enter 按鈕。

17. 快按 Simulink 檔案 control.mdl 中之 RecurDyn Client Block 兩下，control/ RecurDyn Client Block 視窗開啓，RecurDyn Plant 圖案（紅色）是 RecurDyn 與 Simulink 之間的控制核心，快按兩下。

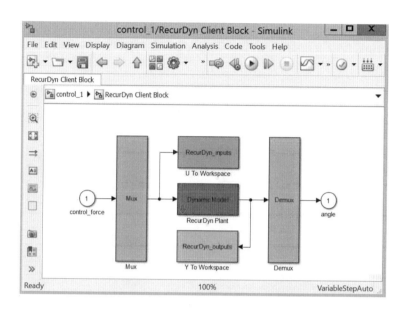

18. Static analysis：事先進行靜力 分析，之後再進行動力分析。 RecurDyn_show：計算過程可以 啓動 RecurDyn 畫面。RecurDyn_ animation：計算過程可以顯示動 畫）。最後按一下 cancel 按鈕， 再按一下關閉按鈕。

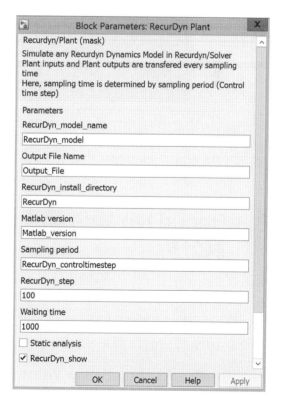

19. 模擬仿真時間 5，按一下 Start simulation 按鈕。

20. 快按 Simulink 檔案 control.mdl 中之 Scope 圖案兩下，Scope 視窗開啟。

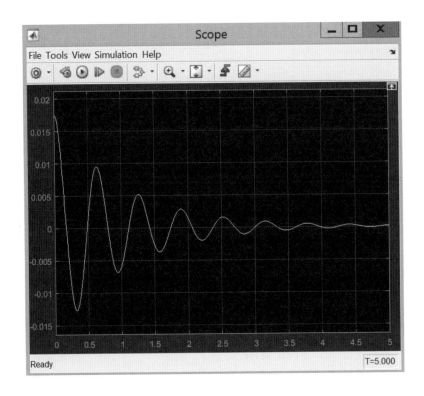

21. 可以從事其他後處理工作或結束分析。

8.3 RecurDyn 與外部高階 Fortran 語言程式連結控制分析

在本範例中，吾人運用 RecurDyn 軟體中的使用者副程式介面模組與 Function Bay 所提供的一些 Fortran 副程式，經過外界程式編輯器的編譯與執行，以便進行控制分析與模擬仿真一個多體系統──單擺之動力學控制分析問題，而所使用之程式編輯器為 Digital Visual Fortran Professional 6.0 的版本，其他版本 Fortran 程式編輯器可依此類推。

1. 開啓 Digital Visual Fortran 程式編輯器，開新檔 New 先選擇 RD User Subroutine Wizard，再選擇儲存檔位置 D:\1，選擇新檔案名稱 1，按 OK。

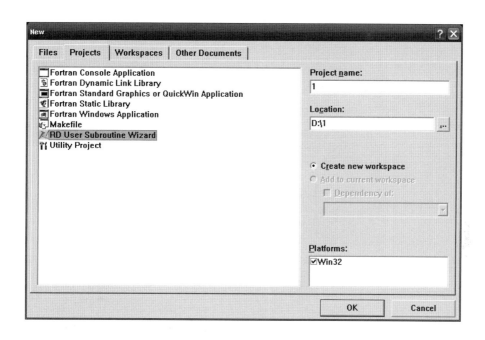

2. 選擇 Fortran，再選擇 Motion 打勾，先按 Finish，再按 OK。

3. 視窗左邊 1.files 目錄的 Source Files 子目錄之 DllFunc.for，快點兩下。

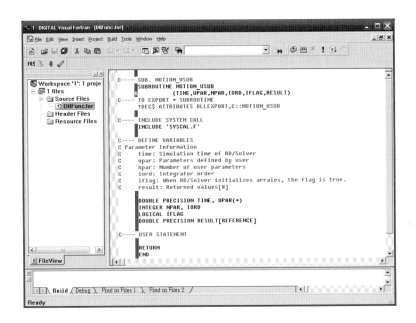

4. 在程式中，USER STATEMENT 之下寫入 result = 2*pi*time，再選擇工具列上
面選項 Build 之下 Compile DllFunc.for（或按 Ctrl+F7），編輯過程顯示零錯
誤零警告，這是正確的。

< DllFunc.obj - 0 error(s), 0 warning(s) >

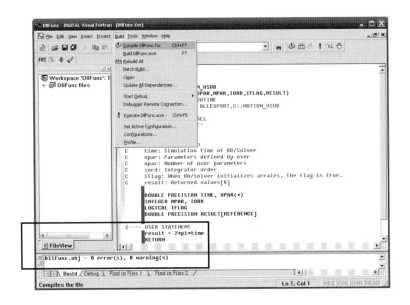

5. 選擇工具列上選項 File 之下的 Save All，關閉程式編輯器。

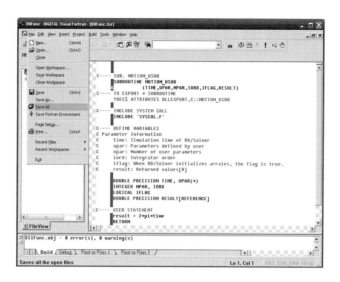

6. 進入 D:\1，然後從 RecurDyn Bin\USUB 目錄下複製 Solver.lib、SYSCAL.F
   到 D:\1，再從 Fortran Library 目錄下複製 dfordll.lib, dfconsol.lib, dfport.lib 到
   D:\1，最後編輯一個 1. bat 檔案，內容如下圖所示，並且執行之。

7. 此時會產生 dllfunc.dll 等檔案。

8. 先建一個簡單的模型，選擇 Body 底下 Link 按一下，點選原點到（0,600,0），
選擇 Joint 之下 Revolute 按一下，點選原點。

9. 點選 RevJoint1 按右鍵 Properties，出現下列視窗，Properties of RevJoint1，
將 Include Motion 打勾，按 Motion 按鈕。

10. Type →點選 User Subroutine Motion，再點選 UL，然後 User Subroutine List
視窗下按 Create。

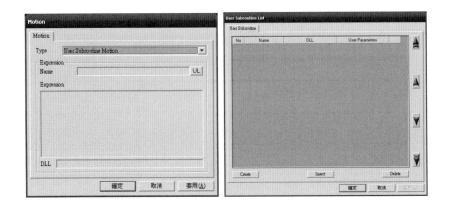

11. 按 D 按鈕去尋找剛剛在 Fortran 產生的 D:\1\dllfunc.dll，按 Add 按鈕在 Entity → 1 →輸入 Ground.Marker1，再按 Add 按鈕在 Entity → 2 →輸入 Body1.Marker1，在 User Parameter 輸入 ~1, ~2。

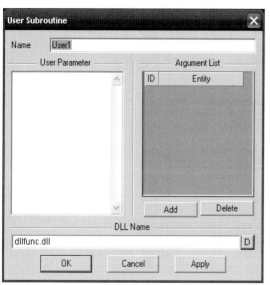

12. 按 OK 按鈕，如下圖所示，再按 OK 按鈕連續三次（因為有三個不同視窗）。

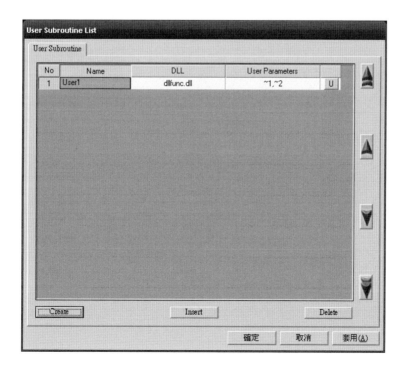

13. 按 Analysis，選取 Dyn/Kin。

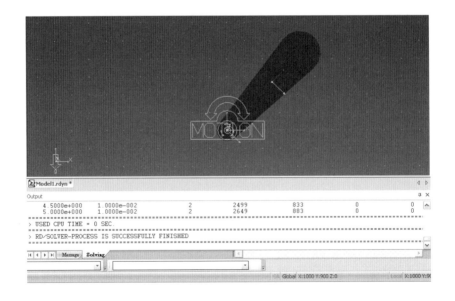

14. 按 Simulate，選擇儲存目錄與檔案名，開始模擬仿真。

15. 可以從事後處理或結束分析。

8.4 RecurDyn 與外部高階 C++ 語言程式連結控制分析

在本範例中，吾人運用 RecurDyn 軟體中的使用者副程式介面模組與 Function Bay 所提供的一些 C++ 副程式，經過外界程式編輯器的編譯與執行，以便進行控制分析與模擬仿真一個多體系統——單擺之動力學控制分析問題，而所使用之程式編輯器為 Microsoft Visual Studio 2010 的版本，其他版本之 C++ 程式編輯器可依此類推。

1. 開啓 Microsoft Visual Studio，開新檔 New → Project。

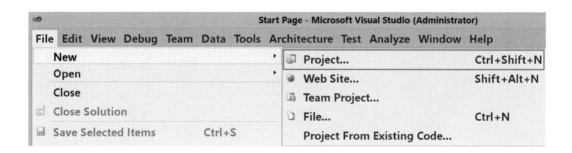

2. 先選擇 Visual C++ → RecurDyn → RecurDyn V9R1 User Subroutine Wizard Visual C++，再選擇儲存檔位置 E:\CMontion\，選擇新檔案名稱 CMontion，按 OK。

3. 選擇 C/C++ → Next。

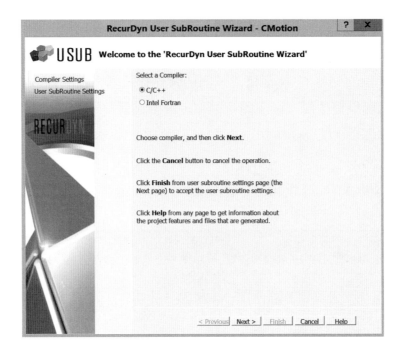

4. RecurDyn User SubRoutineWizard 視窗開啓，再選擇 Motion 打勾，按 Finish。

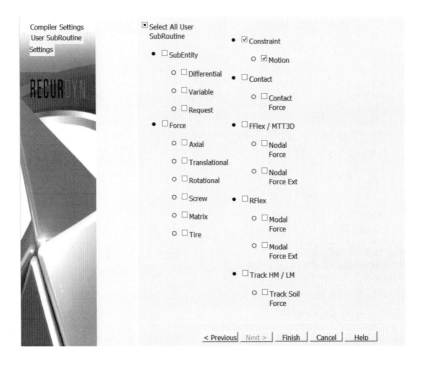

5. 視窗左邊 CMotion 目錄下的 Source Files 子目錄下之 DllFunc.cpp，快點兩下。

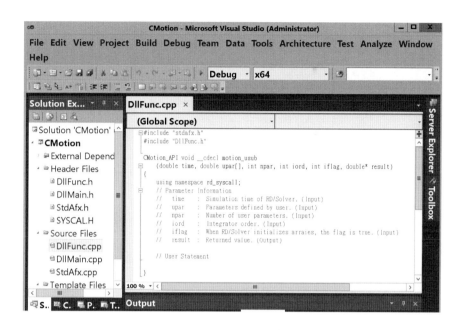

6. 在程式中 User Statement 下寫入 *result = 3.1416*time；再選擇工具列上選項
   Debug → Start Debugging（或按 F5），編輯過程顯示零錯誤零警告，這是正
   確的。

   < Build: 1 succeeded, 0 failed, 0 up-to-date, 0 skipped>

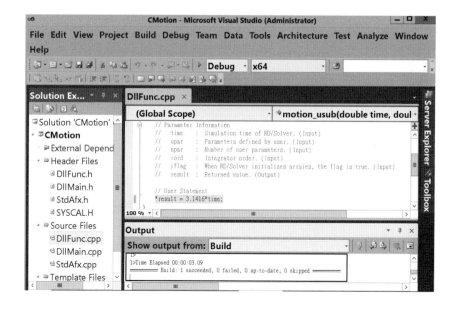

7. Create the user DLL file by using the ReBuild Solution（or Ctrl + Alt + F7） 。

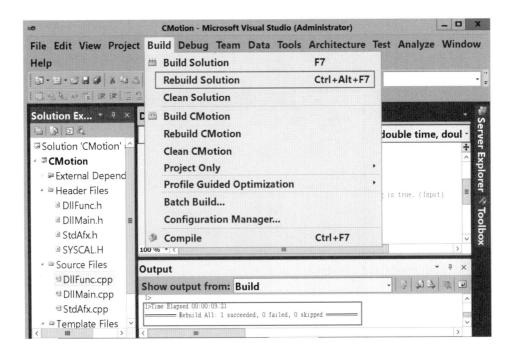

8. 選擇工具列上選項 File 之下 Save All，關閉程式編輯器。

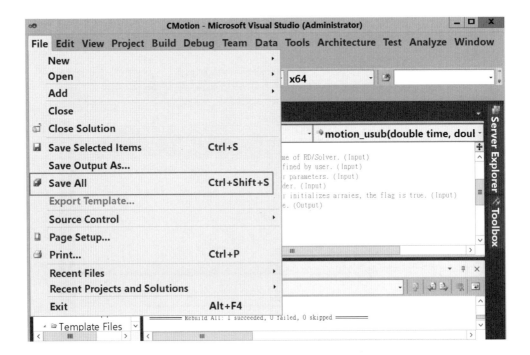

9. 進入 E:\CMontion\CMotion\CMotion\Debug，複製 CMotion.dll 檔案。

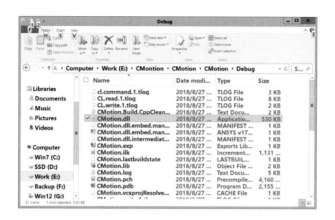

10. 先建一個簡單的模型，選擇 Body 之下 Link 按一下，點選原點到
（0,600,0），選擇 Joint 之下 Revolute 按一下，點選原點。

11. 點選 RevJoint1 按右鍵 Properties，出現下列視窗，Properties of RevJoint1，
將 Include Motion 打勾，按 Motion 按鈕。

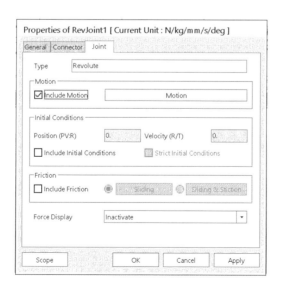

12. Type → 點選 User Subroutine Motion，再點選 UL，然後 User Subroutine List 視窗之下按 Create。

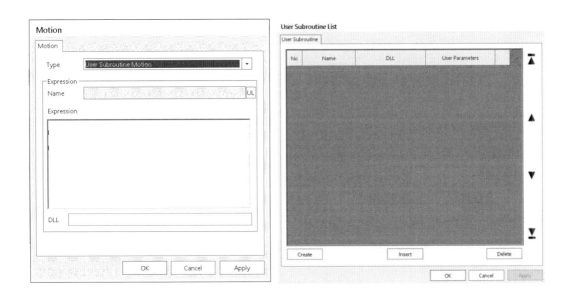

13. 按 D 按鈕去尋找剛剛在 C++ 產生的 E:\CMontion\CMotion.dll，按 Add 按鈕在 Entity → 1 →輸入 Ground.Marker1，再按 Add 按鈕在 Entity → 2 → 輸入 Body1.Marker1，在 User Parameter 輸入 ~1, ~2。

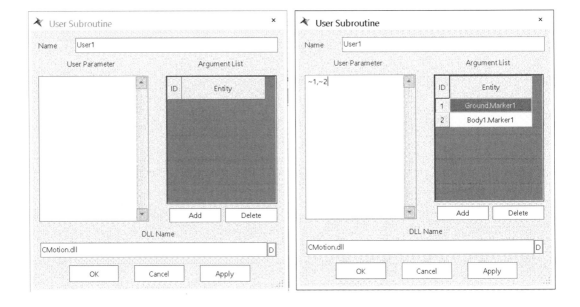

14. 按 OK 按鈕，如下圖所示，再按 OK 按鈕連續三次（因為有三個不同視窗）。

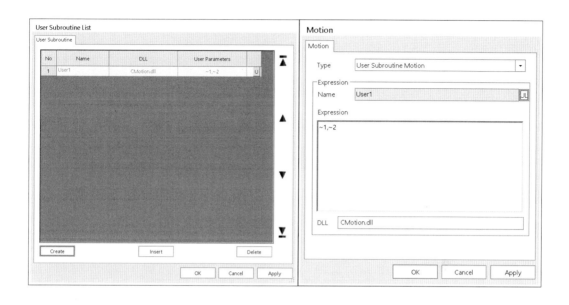

15. 按 Analysis → Dyn/Kin。

16. 按 Simulate，選擇儲存目錄與檔案名，開始模擬仿真。

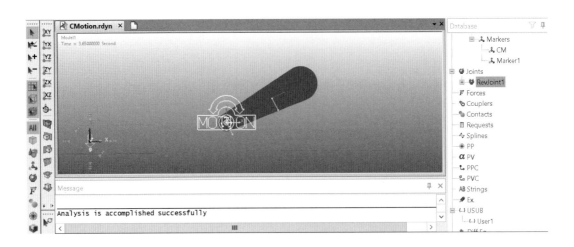

17. 可以從事後處理或結束分析。

第 9 章

多體系統之振動分析

9.1 RecurDyn 模擬仿真一個自由度線性振動分析

　　在本範例中，吾人運用 RecurDyn 軟體中的彈簧阻尼模組來模擬仿真單自由度多體系統之線性振動力學控制分析問題 [30-32]。

Problem：

　　The 10-kg cylinder is released from rest with x = 1 m, where the spring is unstretched. Determine (a) the maximum velocity v of the cylinder and the corresponding value of x and (b) the maximum value of x during the motion. The stiffness of the spring is 450 N/m.

Solutions：

- Maximum velocity = 1.4620m/s & Displacement = 1.2177m at t=0.234s。

- Maximum displacement = 1.4359m at t=0.468s。

1. 開啟 RecurDyn 軟體，進入開始畫面。

2. 選擇所要的檔名、單位（MKS）與重力方向（-Y）。

3. 開始繪圖，選擇 Cylinder 為繪圖的零件。

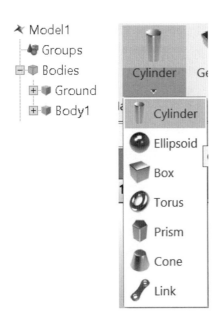

4. 先繪製一個 Cylinder 零件。

5. 可以看到增加新的 Bodies → Body1。

6. 對新增加的 Cylinder 點選 Body1 按右鍵進行修改，選擇 Edit。

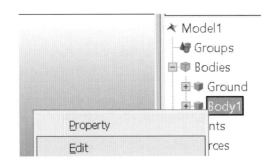

7. 進入零件的編輯修改畫面，並且選擇所要修改的零件，選擇 Properties。

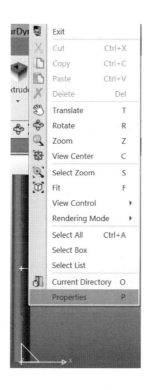

8. 修改成所要的尺寸設定。

Properties of Cylinder1 [Current Unit : N/kg/m/s/deg]

General	Graphic Property	Cylinder

First Point	0, -0.8, 0	Pt
Second Point	0, -1.2, 0	Pt
Radius	0.1	Pv

| OK | Cancel | Apply |

9. 修改完畢後，可看到新產生的零件圖形，然後選擇 Exit，離開編輯修改畫面。

10. 選擇外力，依照所需的外力條件來選擇，這裡使用 Spring Force（線性彈簧）。

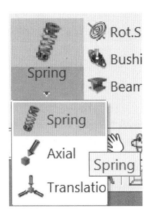

11. 選擇要建立線性彈簧的位置。

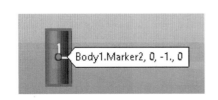

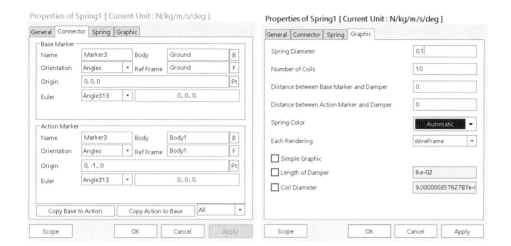

12. 線性彈簧建立完成後，可以看到圖形上有線性彈簧的圖形。

13. 可以看到 Forces 中產生一個新的 Spring1。

14. 進行 Spring 修改，選擇 Spring1，點選 Properties。

15. 可以看到 Spring 的參數值。

Properties of Spring1 [Current Unit : N/kg/m/s/deg]

| General | Connector | Spring | Graphic |

Stiffness Coefficient	▼	100000.	Pv
Damping Coefficient	▼	1000.	Pv
☐ Stiffness Exponent		1.	
☐ Damping Exponent		1.	
Free Length		1.	Pv
Pre Load		0.	Pv
Distance between Two Markers		1.	R
Force Display		Inactivate	▼

| Scope | | OK | Cancel | Apply |

16. 輸入新的阻尼（Damping）、彈性模數（Stiffness）與基本長度（Free Length）。

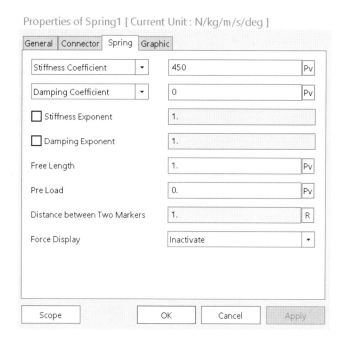

17. 進行零件的重量設定，選擇所要的零件，點選 Properties。

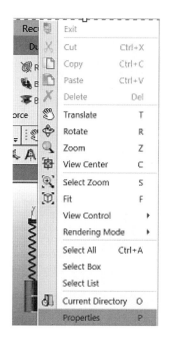

18. 選擇 Body → Material Input Type → User Input，設定 Mass = 10kg。

Properties of Body1 [Current Unit : N/kg/m/s/deg]

| General | Graphic Property | Origin & Orientation | Body |

Material Input Type   User Input

Mass	10		Pv
Ixx	1.56189514760972	Pv	Ixy	0.	Pv
Iyy	0.493230046613597	Pv	Iyz	0	Pv
Izz	1.56189514760972	Pv	Izx	0.	Pv

Center Marker   CM
Inertia Marker   Create   IM
Initial Condition   Initial Velocity

Scope   OK   Cancel   Apply

19. 更改零件的基本座標位置，選擇 Body → Center Marker → CM。

Properties of Body1 [Current Unit : N/kg/m/s/deg]

| General | Graphic Property | Origin & Orientation | Body |

Material Input Type   User Input

Mass	10		Pv
Ixx	1.56189514760972	Pv	Ixy	0.	Pv
Iyy	0.493230046613597	Pv	Iyz	0	Pv
Izz	1.56189514760972	Pv	Izx	0.	Pv

Center Marker   CM
Inertia Marker   Create   IM
Initial Condition   Initial Velocity

Scope   OK   Cancel   Apply

20. 更改零件的質量中心座標位置。

Properties of CM [Current Unit : N/kg/m/s/deg]

| General | Origin & Orientation | Marker |

Origin　　　　0, -1., 0　　　　　　　　　　　Pt

Orientation

Type　　　　　　　Angles

Master Point　　　+Z　　　　0, -1., 1.

Slave Point　　　　+X　　　　1., -1., 0

Euler Ang.(PV:R)　Angle313　　0., 0., 0.

Parent Ref Frame　Body1

Scope　　　　　　　OK　　　　Cancel　　　Apply

21. 可以看到經過上面設定後，產生多體振動系統的畫面。

22. 進行結果計算，選擇 Analysis → Dyn/Kin。

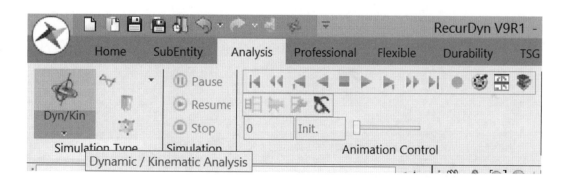

23. 設定結束時間與時間間距，還有一些所需要的計算設定。

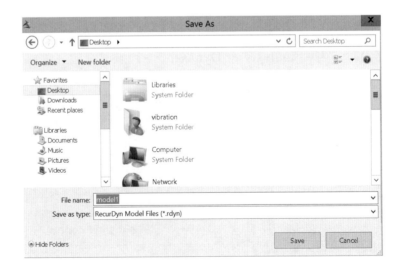

24. 系統會提示需要儲存檔案，設定要儲存的位置與檔名。

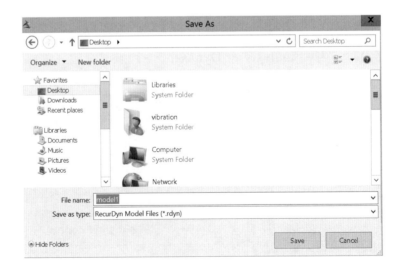

25. 計算完畢後，可以點選下面工具列，觀看分析結果的動畫。

26. 顯示所需要的數值，點選 Plot Result。

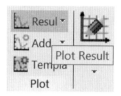

27. 進入 Plot Result 的畫面。

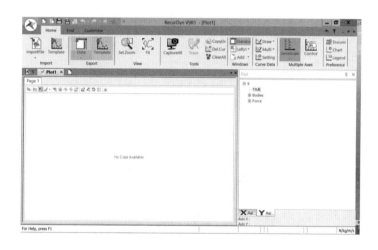

28. 觀看所需要的振動位移結果圖形（Body1 → Pos_TY）。

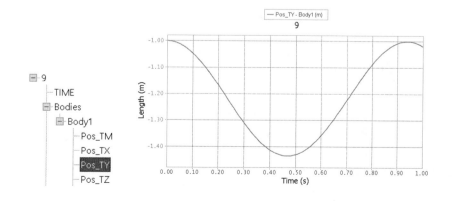

29. 觀看所需要的振動速度結果圖形（Body1 → Vel_TY）。

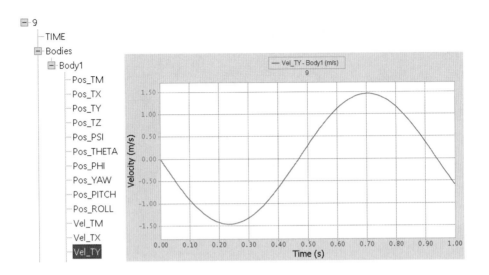

30. 觀看所需要的彈簧阻尼總線性力結果圖形（Translational Spring Damper → Spring1 → FM_TSDA）。

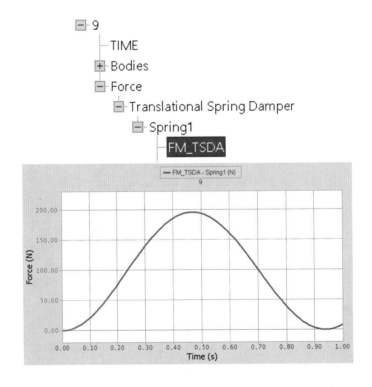

31. 輸出所需要的數值，點選 File → Export → Export Data。

32. 選擇需要輸出的數值。

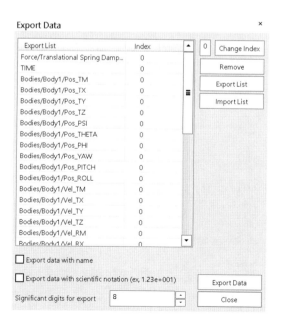

33. 輸出零件的位置與速度值。

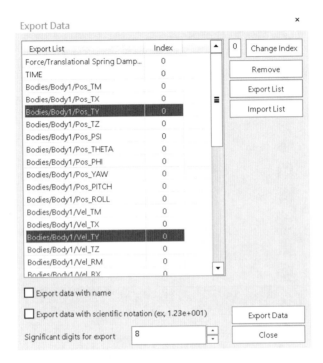

34. 設定儲存輸出參數的檔名與路徑。

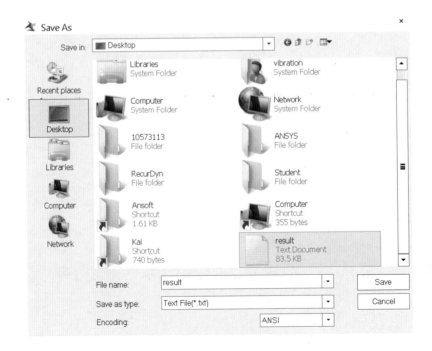

35. 觀看輸出的結果。

```
result - Notepad
File  Edit  Format  View  Help
1               -0.0000000      0.00000000      1.0000000      0.00000000
2               0.0022642292    0.0010130000    1.0000050      0.00000000
3               0.0091554220    0.0020370000    1.0000203      0.00000000
4               0.020673516     0.0030610000    1.0000459      0.00000000
5               0.036817953     0.0040850000    1.0000818      0.00000000
6               0.057587978     0.0051090000    1.0001280      0.00000000
7               0.082982574     0.0061330000    1.0001844      0.00000000
8               0.11300048      0.0071570000    1.0002511      0.00000000
9               0.14764032      0.0081810000    1.0003281      0.00000000
10              0.18690048      0.0092050000    1.0004153      0.00000000
11              0.23077912      0.010229000     1.0005128      0.00000000
12              0.27927415      0.011253000     1.0006206      0.00000000
13              0.33238267      0.012277000     1.0007386      0.00000000
14              0.39010241      0.013301000     1.0008669      0.00000000
15              0.45243076      0.014325000     1.0010054      0.00000000
16              0.51936484      0.015349000     1.0011541      0.00000000
17              0.59090153      0.016373000     1.0013131      0.00000000
18              0.66703746      0.017397000     1.0014823      0.00000000
19              0.74776905      0.018421000     1.0016617      0.00000000
```

36. 從事資料後處理與驗證結果的正確性（討論與結束）。

9.2 RecurDyn 模擬仿真一個自由度扭轉振動分析

在本範例中，吾人運用 RecurDyn 軟體中的彈簧阻尼模組來模擬仿真單自由度多體系統之扭轉振動力學控制分析問題。

1. 開啓 RecurDyn 軟體，進入開始畫面。
2. 選擇所要的檔名、單位（MKS）與重力方向（-Y）。
3. 開始繪圖，選擇 Professional → Cylinder。

4. 對新增加的 Cylinder 點選 Body1 再按右鍵進行修改，選擇 Edit。

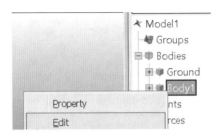

5. 進入零件的編輯修改畫面 . 並選擇所要修改的零件，選擇 Properties。

6. 修改成所要的尺寸設定。

7. 修改完畢後，再選擇 Exit，離開編輯修改畫面。

8. 選擇 Professional → Joint → Revolute，選擇 Body, Body, Point, Direction，先按 Ground 再按 Body1, (0,10,0), -Y 方向。

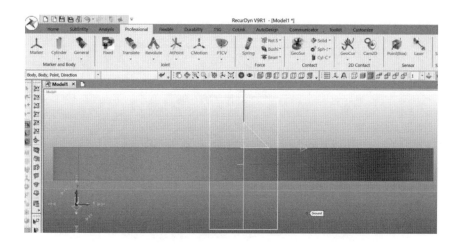

9. 選擇 Professional → Force → Rot.Spring。

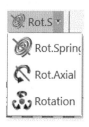

10. 選擇Body, Body, Point, Direction.，先按Ground 再按Body1, (0,10,0), -Y 方向。

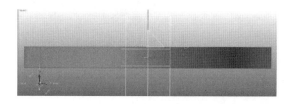

11. 選擇 RotationalSpring1 → Property。

12. 修改 Stiffness Coefficient 和 Damping Coefficient。

13. 修改 Free Angle，按 PV，Parametric Value List 視窗開放。

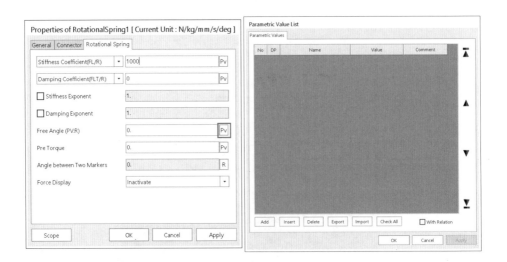

14. 按 Add，再按 E。

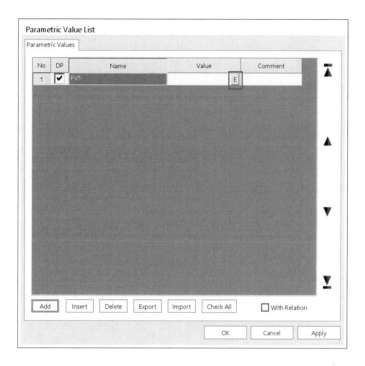

15. Expression List 視窗開放，按 Create，輸入 pi。

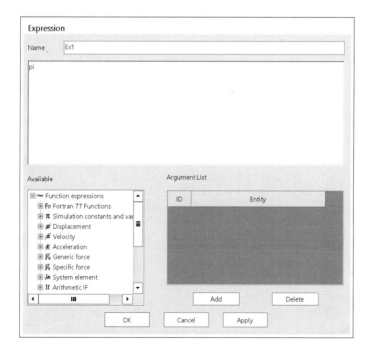

16. 按 OK 三次。

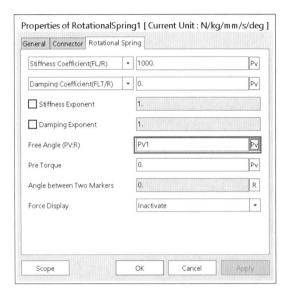

17. 選擇 Analysis → Dyn/Kin。

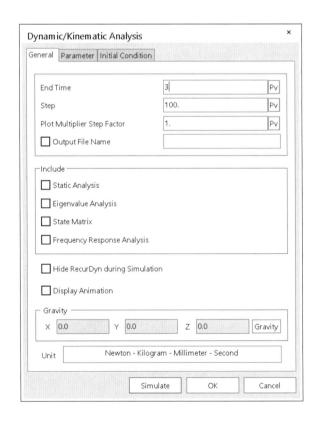

18.計算完畢後，進入下面畫面。

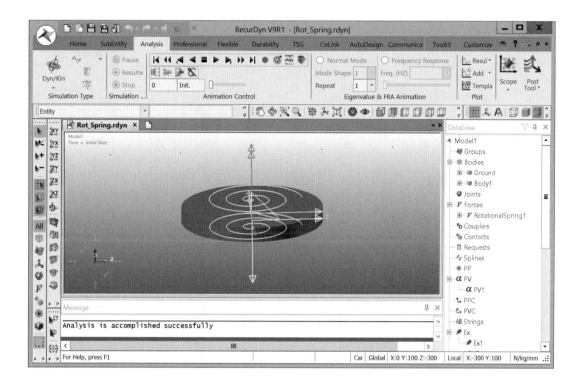

19.顯示所需要的數值，點選 Plot Result，進入 Plot Result 的畫面。

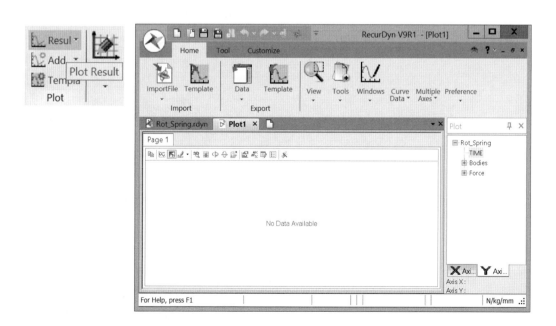

20. 選擇 Force → Rotational Spring Damper → RotationalSpring1 → TM_RSDA。

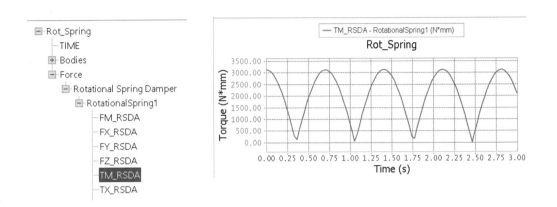

21. 從事資料後處理與驗證結果的正確性（討論與結束）。

參考文獻

[1] Huston, R. L.（黃世疇譯），多體系統動力學（譯自：Multibody dynamics），國立編譯館，臺北市，臺灣，1995。

[2] Shabana, A. A., "Flexible Multibody Dynamics: Review of Past and Recent Developments", Journal of Multibody System Dynamics, Vol. 1, pp. 189-222, 1997.

[3] 維滕伯格，J., 多剛體系統動力學，謝傳鋒譯，北京航空航天大學出版社，北京，中國，1986。

[4] Magnus, K., Dynamics of Multibody System, Springer-Verlag, Berlin, Germany, 1978.

[5] Schiehlen, W., Multibody System Handbook, Springer-Verlag, Berlin, Germany, 1990.

[6] 洪嘉振，多體系統動力學——理論、計算方法及應用，上海交通大學出版社，上海，中國，1992。

[7] 黃文虎等，多柔體系統動力學，科學技術出版社，北京，中國，1997。

[8] 秦化淑等，常微分方程初值問題的數值解法及其應用，國防工業出版社，北京，中國，1985。

[9] 周伯壎，高等代數，高等教育出版社，北京，中國，1987。

[10] 奚梅成，數值分析方法，中國科學技術出版社，合肥，中國，1995。

[11] 陳文良、洪嘉振、周鑒如，分析動力學，上海交通大學出版社，上海，中國，1990。

[12] 周德潤、張志英、傅麗華，線性代數，北京航空航天大學出版社，北京，中國，1996。

[13] 劉延柱、楊海興，理論力學，高等教育出版社，北京，中國，1991。

[14] Shabana, A. A., Computational Dynamics, John & Wiley, New York, USA, 2001.

[15] 安部正人〔日〕，汽車的運動與操縱，機械工業出版社，北京，中國，1998。

[16] Crolla, D.〔英〕，車輛動力學及其控制，俞凡譯，人民交通出版社，北京，中國，2004。

[17] 史震、姚緒梁、于秀萍，運動體控制系統，清華大學出版社，北京，中國，2007。

[18] Kane, T. R., Ryan, R. R., Banerjee, A. K., "Dynamics of a cantilever beam attached to a moving base", Journal of Guidance, Control and Dynamics, Vol. 10, No. 2, pp. 139-151, 1987.

[19] Fisette, P., Vaneghem, B., "Numerical integration of multibody system dynamic equation using the coordinate partitioning method in an implicit newmark scheme", Computer Method in Applied Mechanics and Engineering, Vol. 135, pp. 85-105, 1996.

[20] Hwang, Y. L., "A new approach for dynamic analysis of flexible manipulator systems", Journal of Nonlinear Mechanics, Vol. 40, No. 6, pp. 925-938, 2005.

[21] Schiehlen, W., Advanced Multibody System Dynamics: Simulation And Software Tools, Kluwer Academic Publishers, 2007.

[22] http://www.functionbay.co.kr : RecurDyn User's Manual.

[23] Shabana, A. A., Dynamics of Multibody Systems, Cambridge University Press, Cambridge, UK, 3rd Edition, 2005.

[24] Haug, E. J., Computer aided kinematics and dynamics of mechanical systems, Allyn and Bacon, Boston, 1989.

[25] RecurDyn Basic Training Guide, FunctionBay Company, Seoul, Korea.

[26] Mabie, H. H., Ocvirk, F. W., Mechanisms and dynamics of machinery, 4th edition, John Wiley & Sons, New York, USA, 1987.

[27] RecurDyn Demonstration Examples. See RecurDyn Training Guide, FunctionBay Company, Seoul, Korea..https://functionbay.com/en

[28] RecurDyn E-learning Platform. http://www.cadmen.com/product/5

[29] FunctionBay China 網站資源 https://www.functionbay.cn/cn

[30] 王栢村，振動學，全華科技圖書股份有限公司，臺北市，臺灣，1996。

[31] 龐劍、諶剛、何華，汽車噪聲與振動——理論與應用，北京理工大學出版社，北京，中國，2006。

[32] 黃運琳，機械振動概論與實務，五南圖書出版股份有限公司，臺北市，臺灣，2009。

國家圖書館出版品預行編目資料

基於RecurDyn V9之多體動力學分析與應用／黃
運琳著. -- 二版. -- 臺北市：五南圖書出
版股份有限公司, 2024.06
　面；　公分
　ISBN 978-626-393-417-7(平裝)

1.CST: 動力學　2.CST: 電腦軟體

332.3029　　　　　　　　　113007734

5F54

基於RecurDyn V9之多體動力學分析與應用

作　　者 ― 黃運琳（303.4）

發 行 人 ― 楊榮川

總 經 理 ― 楊士清

總 編 輯 ― 楊秀麗

副總編輯 ― 王正華

責任編輯 ― 金明芬、張維文

封面設計 ― 王麗娟、姚孝慈

出 版 者 ― 五南圖書出版股份有限公司

地　　址：106台北市大安區和平東路二段339號4樓

電　　話：(02)2705-5066　　傳　　真：(02)2706-6100

網　　址：https://www.wunan.com.tw

電子郵件：wunan@wunan.com.tw

劃撥帳號：01068953

戶　　名：五南圖書出版股份有限公司

法律顧問　林勝安律師

出版日期　2019年 1 月初版一刷
　　　　　2024年 6 月二版一刷

定　　價　新臺幣550元

經典永恆・名著常在

五十週年的獻禮——經典名著文庫

　　五南，五十年了，半個世紀，人生旅程的一大半，走過來了。
　　思索著，邁向百年的未來歷程，能為知識界、文化學術界作些什麼？
　　在速食文化的生態下，有什麼值得讓人雋永品味的？

歷代經典・當今名著，經過時間的洗禮，千錘百鍊，流傳至今，光芒耀人；
不僅使我們能領悟前人的智慧，同時也增深加廣我們思考的深度與視野。
我們決心投入巨資，有計畫的系統梳選，成立「經典名著文庫」，
希望收入古今中外思想性的、充滿睿智與獨見的經典、名著。
這是一項理想性的、永續性的巨大出版工程。
不在意讀者的眾寡，只考慮它的學術價值，力求完整展現先哲思想的軌跡；
為知識界開啟一片智慧之窗，營造一座百花綻放的世界文明公園，
任君遨遊、取菁吸蜜、嘉惠學子！